城乡 规划导论

●主编　相广芳

U0340625

郑州大学出版社

图书在版编目（CIP）数据

城乡规划导论 / 相广芳主编 . — 郑州：郑州大学出版社，2023. 3（2024.8 重印）
ISBN 978-7-5645-9264-6

Ⅰ. ①城…　Ⅱ. ①相…　Ⅲ. ①城乡规划　Ⅳ. ①TU98

中国版本图书馆 CIP 数据核字（2022）第 224048 号

城乡规划导论
CHENGXIANG GUIHUA DAOLUN

策划编辑	袁翠红		封面设计	苏永生
责任编辑	李珊珊		版式设计	苏永生
责任校对	王红燕		责任监制	李瑞卿

出版发行	郑州大学出版社		地　　址	郑州市大学路 40 号（450052）
出版人	孙保营		网　　址	http://www.zzup.cn
经　销	全国新华书店		发行电话	0371-66966070
印　刷	河南文华印务有限公司			
开　本	787 mm×1 092 mm　1 / 16			
印　张	12		字　　数	287 千字
版　次	2023 年 3 月第 1 版		印　　次	2024 年 8 月第 2 次印刷

书　　号	ISBN 978-7-5645-9264-6		定　　价	39.00 元

本书如有印装质量问题,请与本社联系调换。

前　言
Preface

．．．

　　随着我国城市化进程的不断加深,城乡规划学科也呈现出更强的综合性。城乡规划导论,是指对涉及城乡规划的学科做概括性的论述,并对学科的历史和未来进行精简扼要的介绍,从而使读者对该学科有较为整体和系统的把握。作为面向高等学校城乡规划及相关专业的普适性、入门级教材,本书可作为城乡规划、建筑学、风景园林、人文地理与城乡规划等专业教学用书,也可供相关专业的从业人员学习参考。

　　本教材有以下编写特点:

　　一是"全一点",本书系统全面地介绍了城乡规划的基本概念、基本原则、城乡规划专业的课程体系和专业技能、建筑设计、城市总体规划、详细规划、专项规划等,旨在对城乡规划及相关专业的学生进行学科的全面启蒙。

　　二是"薄一点",本书对于相关知识的论述旨在简明扼要,并适时配以大量图表,尽量做到排版图文并茂、文字通俗易懂,在各章末设置思考题,启发学生联系实际对城乡规划问题进行思考。

　　三是"新一点",本书的编写结合国家城乡规划领域最新的相关政策和法规,介绍了各级城乡规划主管部门如自然资源部、省自然资源厅、市自然资源和规划局的主要职能和内设机构、十九大中关于城乡规划的重要论述、乡村规划战略、3S技术在城乡规划领域的应用等内容,突出教学内容的创新性。

　　本书为平顶山学院旅游与规划学院立项教材,参加编写的各章执笔作者分工如下:相广芳编写第一章和第二章;董文晓编写第三章;顾晓洁编写第四章;韩懿玢、刘申编写第五章;韩懿玢编写第六章;吴昆哲编写第七章;吴楠楠编写第八章。

　　由于涉及内容较广,编写时间仓促,本教材中难免存在问题与不足之处,敬请广大读者指正,以利进一步完善。

编者

2022 年 3 月

目录 CONTENTS

第一章 城乡规划总论

城乡规划是政府指导和调控城乡建设和发展的基本手段,是关系我国社会主义现代化建设事业全局的重要工作。加强城乡规划工作,对于实现城乡经济、社会和环境协调发展具有重要意义。

第一节 城乡规划的概念和特点

一、城乡规划的概念

1. 什么是规划

规划,是经多方主体探讨、对某一特定领域的发展愿景形成的一定的共识,意即进行比较全面的长远的发展计划,是对未来整体性、长期性、基本性问题的思考、考量和设计未来整套行动的方案。

规划与计划近义,经常被替换和混用。细究起来,二者还是有很大不同的。

(1)规划的基本意义由"规(法则、章程、标准、谋划,即战略层面)"和"划(合算、刻画,即战术层面)"两部分组成,"规"是起,"划"是落;从时间尺度来说侧重于长远,从内容角度来说侧重于战略层面(规),重指导性或原则性;在人力资源管理领域,一般用作名词,英文一般为 program 或 planning,如国家的"十四五规划"。

(2)计划的基本意义为合算、刻画,一般指办事前所拟定的具体内容、步骤和方法;从时间尺度来说侧重于短期,从内容角度来说侧重战术层面(划),重执行性和操作性;在人力资源管理领域,一般用作名词,有时用作动词,英文一般为 plan,如国家的"第二个五年计划"。

(3)计划是规划的延伸与展开,规划与计划是一个子集的关系,即"规划"里面包含着若干个"计划",它们的关系既不是交集的关系,也不是并集的关系,更不是补集的关系。

2. 什么是城乡规划

根据《中华人民共和国城乡规划法》,城乡规划是以促进城乡经济社会全面协调可持续发展为根本任务、促进土地科学使用为基础、促进人居环境根本改善为目的,涵盖城乡居民点的空间布局规划。

城乡规划"是一项全局性、综合性、战略性的工作,涉及政治、经济、文化和社会生活等各个领域。制定好城市规划,要按照现代化建设的总体要求,立足当前,面向未来,统筹兼顾,综合布局。要处理好局部与整体、近期与长远、需要与可能、经济建设与社会发展、城市建设与环境保护、进行现代化建设与保护历史遗产等一系列关系。通过加强和改进城市规划工作,促进城市健康发展,为人民群众创造良好的工作和生活环境"。

综上所述,城乡规划是为了实现城市发展的总体目标,通过控制、引导、鼓励等手段,对城市经济和社会发展、土地利用、空间布局以及各项建设所进行的各项综合具体安排的统称。

二、城乡规划的特点和原则

1.城乡规划的特点

(1)综合性。综合性是城市规划的重要特点之一,在各个层次、各个领域以及各项工作中都会得到体现。

(2)政策性。一方面必须充分反映国家的相关政策,是国家宏观政策实施的工具;另一方面是城市发展战略、城市发展规模、城市建设用地、各类设施的配置规模和标准、城市用地的调整等,是国家方针政策和社会利益的全面体现。

(3)民主性。要求城市规划能够充分反映城市居民的利益诉求和意愿,保障社会经济协调发展,使城市规划过程成为市民参与规划制定和动员全市人民实施规划的过程。

(4)实践性。城市规划是一项社会实践,是在城市发展的过程中发挥作用的社会制度;城市规划是一个过程,需要充分考虑近期需要和长期的发展,保障社会经济的协调发展。

2.城乡规划的原则

(1)城乡规划要为社会、经济、文化综合发展服务。当前我国正处在加速城市化的时期,既面临难得的历史机遇,又面临着巨大的挑战。各种社会、经济矛盾凸显,对政府的执政能力提出了新的挑战。在市场经济的发展中,城乡规划是政府实施宏观调控的主要方式之一。城乡规划、建设的根本目的就是促进社会、经济、文化的综合发展,不断优化城乡人居环境。实施城乡规划与城乡综合发展是相辅相成、互为依据的。没有城乡的不断发展就不可能为实施城乡规划提供物质基础。在编制城乡规划时是否有利于区域综合发展、长远发展,应当成为我们考虑问题的出发点,也是检验城乡规划工作的根本标准。

(2)城乡规划必须从实际出发、因地制宜。从实际出发就是从我国的国情出发,从城市的市情出发。一切城乡规划的编制,包括规划中指标选用、建设标准的确定、分期建设目标的拟定,都必须从这个基本国情出发,符合国情是城乡规划工作的基本出发点。我国幅员辽阔,城市众多,各地自然、区域乃至经济、社会发展程度差别很大,城乡规划不能简单地采用统一的模式,必须针对市情提出切实可行的规划方案。从根本上讲,城乡规划的目的是用最少的资金投入取得城市建设合理化的最大成果,对于国外的先进经验和优秀的规划设计范例,也应从我国的实际情况出发,吸收其精髓实质,而不是盲目追求它的标准和形式。

(3)城乡规划应当贯彻建设节约型社会的要求,处理好人口、资源、环境的关系。我国人口多,土地资源不足,合理使用土地、节约用地是我国的基本国策,也是我国的长远利益所在。城乡规划必须树立贯彻中央关于建设节约型社会的要求,对于每项城市用地必须认真核算,在服从城市功能上的合理性、建设运行上的经济性前提下,各项发展用地的选定,要尽量使用荒地、劣地,严格保护基本农田。要从水资源供给能力为基本出发点,考虑产业发展和建设规模,落实各项节水措施。要大力促进城市综合节能,鼓励发展新能源和可再生能源,完善城市供热体制,重点推进节能降耗。

(4)城乡规划应当贯彻建设人居环境的要求,构建环境友好型城市。现代城市的综合竞争力和可持续发展能力的重要因素之一是城市的人居环境的建设水平。在特定意义上讲,城乡规划是城市的环境规划,城市建设是为市民的工作、生活创造良好环境的建设。城市的发展,尤其是工业项目,对于生态环境的保护是有一定的影响,但产业发展与人居环境建设的关系,决不是对立的、不可调和的。城市的合理功能布局是保护城市环境的基础,城市自然生态环境和各项特定的环境要求,都可以通过适当的规划方法和环境门槛的提高,把建设开发和环境保护有机地结合起来,力求取得经济效益、社会效益的统一。

(5)城乡规划应当贯彻城乡统筹、建设和谐社会的原则。树立和落实科学发展观,构建社会主义和谐社会,是我们党从全面建设小康社会、开创中国特色社会主义事业新局面的全局出发提出的一项重大任务,是我国改革发展进入关键时期的客观要求。在城乡规划工作中,关键要坚持"五个统筹",推动经济社会全面协调地持续发展。城市是人类社会、经济活动和时代文明的集中体现。城乡规划不仅要考虑城市设施的逐步现代化,同时要根据市场经济条件下社会利益主体多元化、复杂化的趋势,深入研究日益增长的城市居民各种层面的利益需求和矛盾关系,为建设和谐社会创造条件。要建设和谐社会,还必须处理好继承优秀传统文化与现代化建设的关系。在编制城乡规划中,必须注意保护当地的优秀历史文化遗产,有纪念意义、教育意义和科学艺术价值的文化古迹,把开发和保护、继承和发扬结合起来。少数民族地区的城乡规划应当适应少数民族风俗习惯的需要,并努力创造具有民族特色的城市风貌。

第二节　城乡规划法规体系构成

一、城乡规划法规体系

我国城乡规划的法规体系可以分为国家体系和地方体系。国家体系包括四个层次的法规文件:全国人民代表大会及其常务委员会制定的法律;国务院制定的行政法规;国务院各部(委、局)制定的部门规章;国务院及国务院各部(委、局)制定的行政规范性文件。对地方体系而言,包括三个层次的法规文件:地方性法规、地方政府规章、地方政府及其工作部门制定的行政规范性文件。其中,只有省(自治区、直辖市)和设区的市的人民代表大会及其常务委员会可以制定地方性法规,也只有省(自治区、直辖市)和设区的市的人民政府可以制定地方政府规章。下面简要介绍我国城乡规划法规体系的基本框架和内容。

（一）我国城乡规划法规体系的基本框架

1. 纵向体系和横向体系

按照法规文件的构成特点,我国的城乡规划法规体系可以分为纵向体系和横向体系。

（1）城乡规划法规的纵向体系。城乡规划法规的纵向体系是由各级人大和政府按其立法职权制定的法律、行政法规、地方性法规、部门规章和地方政府规章、行政规范性文件构成。其特点是,纵向体系各个层面的法规文件构成与国家各个层次组织的构成相吻合。

从城乡规划法规制定的角度,我国的人民代表大会和政府可以分为如下几个层次:全国人民代表大会、国务院及各部委,省(自治区、直辖市)人民代表大会、政府及其组成部门,享有立法权的城市人民代表大会、政府及其组成部门;一般城市(县)政府及其组成部门,镇(乡)人民政府及其组成部门。

相应地,城乡规划法规体系也由这几个层次的法规文件组成:全国人民代表大会及其常务委员会制定的法律;国务院制定的行政法规,省(自治区、直辖市)人民代表大会及其常务委员会制定的地方性法规,享有立法权的城市人民代表大会及其常务委员会制定的地方性法规;国务院各部(委、局)制定的部门规章,省(自治区、直辖市)人民政府制定的地方政府规章,享有立法权的城市政府制定的地方政府规章,行政规范性文件。

（2）城乡规划法规的横向体系。城乡规划法规的横向体系包括:城乡规划核心主干法、城乡规划配套辅助法规、与城乡规划关系密切的其他领域的相关法规。核心主干法是城乡规划法规体系的核心,具有纲领性和原则性的特征,不可能对一些实施操作细节进行全覆盖的规定,需要各项配套辅助法规做进一步的补充、细化和完善。同时城乡规划也需要土地、资源、环境等多个密切相关领域的共同协作,这些领域的相关法规也是城乡规划法规体系的重要组成部分。城乡规划核心主干法在法律效力上仅次于宪法,其确定的规范和原则是不容违背的,各项配套辅助法规的内容不能与之相抵触。同时,它确定的规范和原则又必须根据地方的实际情况,通过各层次的地方立法加以充实和具体化。

2. 国家体系和地方体系

按照法规文件的法律效力和规范层次,我国的城乡规划法规体系可以分为国家体系和地方体系。对国家体系而言,城乡规划法规的制定机构如下:全国人民代表大会及其常务委员会、国务院、国务院各部(委、局)。城乡规划法规体系包括四个层次的法规文件:全国人民代表大会及其常务委员会制定的法律,国务院制定的行政法规,国务院各部(委、局)制定的部门规章,国务院及国务院各部(委、局)制定的行政规范性文件。

对地方体系而言,城乡规划法规体系包括三个层次的法规文件:地方性法规、地方政府规章、地方政府及其组成部门制定的行政规范性文件。省(自治区、直辖市)和享有立法权的城市的人大和政府可以制定法规和规章,不享有立法权的城市的人大或政府只能制定行政规范性文件。

3. 城乡规划技术标准的法规层次和规范效力

城乡规划的技术性很强,我国除了通常意义上的法规之外,还有大量技术标准为城乡规划工作所必须遵守,实施它们也具有强制性和规范性。城乡规划技术标准中国家和行业的强制性标准被法律、行政法规赋予了强制执行的规范效力,同样的,地方的强制性标准被地方性法规赋予了强制执行的规范效力。而城乡规划技术标准中的推荐性标准则缺少了法律、行政法规、地方性法规的条文保障,其规范效力更多是建议性的,是可供选择的,而非强制性的。

4.城乡规划编制成果的法规层次和规范效力

按照《中华人民共和国城乡规划法》的规定,我国的全国城镇体系规划、省域城镇体系规划和一些重要城市的总体规划由国务院进行审批,这些规划通过审批之后,国务院发布审批意见。例如《国务院关于杭州市城市总体规划的批复》(国函〔2007〕19号)等。这些审批意见是国务院发布的行政规范性文件,与之相关的规划编制成果可以看作是规范性文件的组成部分。

同时,地方各级人民政府及其组成机构负责审批一些城市的总体规划和详细规划,审批机关也会发布审批文件。这些审批意见是地方政府及其下属机关发布的行政规范性文件,相关的规划编制成果也可以认为是这些规范性文件的组成部分。

(二)国家城乡规划法规体系

1.法律

《中华人民共和国城乡规划法》(以下简称《城乡规划法》)是我国社会主义现代化建设新时期,适应新形势需要,为加强城乡规划管理,协调城乡空间布局,改善人居环境,涉及城乡建设和发展全局,促进城乡经济社会全面、协调、可持续发展而制定的一部城乡规划领域的核心主干法。该法经2007年10月28日第十届全国人民代表大会常务委员会第三十次会议通过并颁布,自2008年1月1日起施行。

(1)立法指导思想和重要意义。制定《城乡规划法》的指导思想是:按照贯彻落实科学发展观和构建社会主义和谐社会的要求,统筹城乡建设和发展,确立科学的规划体系和严格的规划实施制度,正确处理近期建设与长远发展、局部利益与整体利益、经济发展与环境保护、现代化建设与历史文化保护等关系,促进合理布局,节约资源,保护环境,体现特色,充分发挥城乡规划在引导城镇化健康发展、促进城乡经济社会可持续发展中的统筹协调和综合调控作用。

制定《城乡规划法》的根本目的,在于依靠法律的权威,运用法律的手段,保证科学、合理地制定和实施城乡规划,统筹城乡建设和发展,实现我国城乡的经济和社会发展目标,建设具有中国特色的社会主义现代化城市和社会主义新农村,从而推动我国整个经济社会全面、协调、可持续发展。城乡的建设和协调发展是一项庞大的系统工程,城乡规划涉及很多领域,而且随着经济社会的发展,出现了许多新情况、新问题、新经验,在新的形势下,以城市论城市、以乡村论乡村的规划制定与实施管理模式,已经不能适应现实的需要和时代的要求,必须充分考虑统筹城乡建设和发展,加强统一的城市与乡村的规划、建设与管理,强化城乡规划的有效调控、引导、综合、协调职能,才能保证城市与乡村的科学合理的发展建设。

制定《城乡规划法》的重要意义,就在于与时俱进,通过新立法来提高城乡规划的权威性和约束力,进一步确立城乡规划的法律地位与法律效力,以适应我国社会主义现代化城市建设与社会主义新农村建设和发展的需要,使各级政府能够对城乡发展建设更加有效地依法行使规划、建设、管理的职能,从而进一步促进我国城乡经济社会全面协调可持续地健康发展。

（2）《城乡规划法》基本框架。《城乡规划法》共七章七十条，对制定和实施城乡规划的重要原则和全过程的主要环节做出了基本的法律规定，成为我国各级政府和城乡规划主管部门工作的法律依据，也是人们在城乡发展建设活动中必须遵守的行为准则。

第一章总则。共十一条，主要对本法的立法目的和宗旨、适用范围、调整对象、城乡规划制定和实施的原则、城乡规划与其他规划的关系、城乡规划编制和管理的经费来源保障，以及城乡规划组织编制和管理与监督管理体制等做出了明确的规定。

第二章城乡规划的制定。共十六条，主要对城乡规划的组织编制和审批机构、权限、审批程序，省域城镇体系规划、城市和镇总体规划、乡规划和村庄规划等应当包括的内容，以及对城乡规划编制单位应当具备的资格条件和基础资料，城乡规划草案的公告和公众、专家和有关部门参与等做了明确的规定。

第三章城乡规划的实施。共十八条，主要对地方各级人民政府实施城乡规划时应遵守的基本原则，城市、镇、乡和村庄各项规划、建设和发展实施规划时应遵守的原则，近期建设规划，建设项目选址规划管理、建设用地规划管理、规划管理、乡村建设规划管理、临时建设和临时用地规划管理等及其建设项目选址意见书、建设用地规划许可证、建设工程规划许可证、乡村建设规划许可证的核发，以及规划条件的变更，建设工程竣工验收和有关竣工验收资料的报送等做了明确的规定。

第四章城乡规划的修改。共五条，主要对省域城镇体系规划、城市总体规划、镇总体规划、控制性详细规划、乡规划、村庄规划的修改组织编制与审批机关、权限、条件、程序、要求、近期建设规划的修改，建设项目选址意见书、建设用地规划许可证、建设工程规划许可证或乡村建设规划许可证发放后城乡规划的修改，修建性详细规划、建设工程设计方案总平面的修改要求等做了明确的规定。

第五章监督检查。共七条，主要对城乡规划编制、审批、实施、修改的监督检查机构权限、措施、程序、处理结果以及行政处分、行政处罚等做出了明确的规定。

第六章法律责任。共十二条，主要对有关人民政府及其负责人和其他直接责任人，在城乡规划编制、审批、实施、修改中所发生的违法行为，城乡规划编制单位所出现的违法行为，建设单位或者个人所产生的违法建设行为的具体行政处分、行政处罚等做出了明确的规定。

第七章附则。共一条，规定了本法自2008年1月1日起施行，《中华人民共和国城市规划法》同时废止。

2. 行政法规

《村庄和集镇规划建设管理条例》（1993，国务院令第116号）、《风景名胜区条例》（2006，国务院令第474号）、《历史文化名城名镇名村保护条例》（2008，国务院令第524号）是我国城乡规划法规体系中三部重要的专门行政法规。

3. 部门规章

住建部部门规章可以分为4类：①城乡规划综合管理，②城乡规划组织编制和审批管理，③城乡规划实施和监督检查管理，④城乡规划行业管理。

城乡规划综合管理的住建部部门规章主要包括《建设部关于纳入国务院决定的十五项行政许可的条件的规定》（2004）、《建制镇规划建设管理办法》（1995）、《风景名胜区管

理处罚规定》（1994）等。

城乡规划编制和审批管理的住建部部门规章主要包括《历史文化名城名镇名村街区保护规划编制审批办法》（2014）、《城市、镇控制性详细规划编制审批办法》（2010）、《省域城镇体系规划编制审批办法》（2010）、《城市规划编制办法》（2005）等。

城乡规划实施和监督检查管理的住建部部门规章主要包括《城乡规划违法违纪行为处分办法》（2013）、《公共租赁住房管理办法》（2012）、《商品房屋租赁管理办法》（2010）、《城市动物园管理规定》（2007）、《城市供水水质管理规定》（2007）、《城市排水许可管理办法》（2006）、《房屋建筑工程抗震设防管理规定》（2006）、《城市黄线管理办法》（2005）、《城市蓝线管理办法》（2005）、《城市地下管线工程档案管理办法》（2005）、《城市建筑垃圾管理规定》（2005）、《城市地下管线工程档案管理办法》（2005）、《房屋建筑和市政基础设施工程施工图设计文件审查管理办法》（2013）、《城市危险房屋管理规定》（2004）、《城市紫线管理办法》（2003）、《城市抗震防灾规划管理规定》（2003）、《城市绿线管理办法》（2010）、《城市地下空间开发利用管理规定》（2011）等。

城乡规划行业管理的住建部部门规章主要包括《城乡规划编制单位资质管理规定》（2012）、《建设工程勘察设计资质管理规定》（2007）、《外商投资城市规划服务企业管理规定》（2003）等。

4. 国家层面城乡规划技术标准

根据《标准化法》，标准划分为四个层次：国家标准、行业标准、地方标准、企业标准。在国家层面适用的城乡规划技术标准为国家标准、行业标准两类。

（1）国家标准。对需要在全国范围内统一的技术要求，应当制定国家标准。国家标准是指对国民经济和技术发展有重大意义，需要在全国范围内统一的标准。城乡规划国家标准由住房和城乡建设部标准定额司组织草拟、审批，并联合国家质量监督检验检疫总局编号、发布。国家标准的代号为"GB"，其含义是"国标"两个汉字拼音的第一个字母"G"和"B"的组合。

（2）行业标准。对没有国家标准而又需要在某个行业范围内统一的技术要求，可以制定行业标准。行业标准不得与有关国家标准相抵触。有关行业标准之间应保持协调、统一，不得重复。行业标准在相应的国家标准实施后，即行废止。国家质量监督检验检疫总局（原为国家质量技术监督局）在《关于规范使用标准代号的通知》（1998年）中划分了57个行业标准，城乡规划技术标准属于城镇建设行业标准，代码为"CJ"。

《标准化法》将标准分为强制性标准和推荐性标准，其中第十四条规定"强制性标准，必须执行"。

《城乡规划法》第二十四条规定"编制城乡规划必须遵守国家有关标准"。第六十二条规定："城乡规划编制单位违反国家有关标准编制城乡规划的，由所在地城市、县人民政府城乡规划主管部门责令限期改正，处合同约定的规划编制费一倍以上二倍以下的罚款，情节严重的，责令停业整顿，由原发证机关降低资质等级或者吊销资质证书，造成损失的，依法承担赔偿责任。"《城乡规划法》进一步明确了城乡规划技术标准在规划编制工作中的权威性，并详细规定了罚则。

二、城乡规划编制体系

《城乡规划法》第二条规定,制定和实施城乡规划,在规划区内进行建设活动,必须遵守本法。《城乡规划法》所称城乡规划,包括城镇体系规划、城市规划、镇规划、乡规划和村庄规划。城市规划、镇规划分为总体规划和详细规划。详细规划分为控制性详细规划和修建性详细规划。《城乡规划法》所称规划区,是指城市、镇和村庄的建成区以及因城乡建设和发展需要,必须实行规划控制的区域。规划区的具体范围由有关人民政府在组织编制的城市总体规划、镇总体规划、乡规划和村庄规划中,根据城乡经济社会发展水平和统筹城乡发展的需要划定。如图1-1所示。

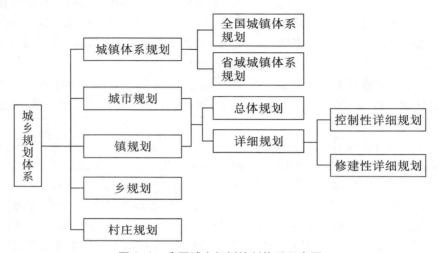

图1-1 我国城乡规划编制体系示意图

1.城镇体系规划

(1)对基础概念的认知。

城镇体系:在一个相对完整的区域或国家以中心城市为核心,有一系列不同等级、不同职能分工、相互密切联系的具有一定时空地域结构的城镇网络。其中常有一主要的、最大的城市居中心地位,其他各城镇则为规模不等、职能不同、层次各异的系列。各城镇在诸多方面互有联系、互为依存,而又互有制约。

国家中心城市:全国城镇体系中的核心城市,即我国的金融、贸易、管理、文化中心和交通枢纽,也是发展外向型经济和推动国际文化交流的对外门户,已成为或正成为亚洲乃至世界的金融、贸易、管理、文化中心。

城镇群:城镇群是以一个或多个中心城市为核心,以综合交通网络为联络骨架,构成联系紧密的城镇发展地区,是组织和带动区域经济发展、落实国家区域发展政策的重要地区。

城镇体系规划:是针对城镇发展战略的研究,在一个特定范围内合理进行城镇布局,优化区域环境,配置区域基础设施,明确不同层次的城镇地位、性质和作用,综合协调相互

的关系,以实现区域经济、社会、空间的可持续发展。

(2)《全国城镇体系规划》。为了全面贯彻科学发展观,落实党的十六大提出的"要逐步提高城镇化水平,坚持大中小城市和小城镇协调发展,走中国特色的城镇化道路"的方针,切实做好全国的人口、资源和环境保护工作,建设节约型社会,构建和谐社会,促进社会经济的全面协调发展,迫切需要根据我国城镇化所处的历史阶段,以及当前和今后一段历史时期里工业化、城镇化和城镇建设所面临的主要矛盾,科学合理地确定城镇化和城镇建设方针,促进全面建设小康社会战略目标的实现。

《全国城镇体系规划》是我国城乡规划的纲领性文件,国家推进新型城镇化发展的综合空间规划平台。依据《城乡规划法》由国务院城乡规划主管部门会同国务院有关部门组织编制全国城镇体系规划。

《城乡规划法》第二章"城乡规划的制定"第十二条指出:国务院城乡规划主管部门会同国务院有关部门组织编制全国城镇体系规划,用于指导省域城镇体系规划、城市总体规划的编制。全国城镇体系规划由国务院城乡规划主管部门报国务院审批。2005年原建设部(现住房和城乡建设部)委托中国城市规划设计研究院编制完成《全国城镇体系规划(2006—2020年)》。2007年2月由原建设部(现住房和城乡建设部)部党组会议讨论同意上报国务院。

(3)《省域城镇体系规划》。《省域城镇体系规划》是省、自治区人民政府实施城乡规划管理,合理配置省域空间资源,优化城乡空间布局,统筹基础设施和公共设施建设的基本依据,是落实全国城镇体系规划,引导本省、自治区城镇化和城镇发展,指导下层次规划编制的公共政策。

根据《省域城镇体系规划编制审批办法》,编制省域城镇体系规划,应当以科学发展观为指导,坚持城乡统筹规划,促进区域协调发展;坚持因地制宜,分类指导;坚持走有中国特色的城镇化道路,节约集约利用资源、能源,保护自然人文资源和生态环境。

《省域城镇体系规划》应当包括下列内容:

1)分析评价现行省域城镇体系规划实施情况,明确规划编制原则、重点和应当解决的主要问题。

2)按照全国城镇体系规划的要求,提出本省、自治区在国家城镇化与区域协调发展中的地位和作用。

3)综合评价土地资源、水资源、能源、生态环境承载能力等城镇发展支撑条件和制约因素,提出城镇化进程中重要资源、能源合理利用与保护、生态环境保护和防灾减灾的要求。

4)综合分析经济社会发展目标和产业发展趋势、城乡人口流动和人口分布趋势、省域内城镇化和城镇发展的区域差异等影响本省、自治区城镇发展的主要因素,提出城镇化的目标、任务及要求。

5)按照城乡区域全面协调可持续发展的要求,综合考虑经济社会发展与人口资源环境条件,提出优化城乡空间格局的规划要求,包括省域城乡空间布局,城乡居民点体系和优化农村居民点布局的要求;提出省域综合交通和重大市政基础设施、公共设施布局的建议;提出需要从省域层面重点协调、引导的地区,以及需要与相邻省(自治区、直辖市)共同协调解决的重大基础设施布局等相关问题。

6）按照保护资源、生态环境和优化省域城乡空间布局的综合要求,研究提出适宜建设区、限制建设区、禁止建设区的划定原则和划定依据,明确限制建设区、禁止建设区的基本类型。

2. 城市规划/镇规划

城市、镇总体规划应当包括城市、镇的发展布局,功能分区,用地布局,综合交通体系,禁止、限制和适宜建设的地域范围、各类专项规划等。其中,规划区范围、规划区内建设用地规模、基础设施和公共服务设施用地、水源地和水系,基本农田和绿化用地、环境保护、自然与历史文化遗产保护以及防灾减灾等内容,属于强制性内容。城市总体规划还应对城市更长远的发展做出预测性安排。

根据《城乡规划法》(2008):"城乡规划,包括城镇体系规划、城市规划、镇规划、乡规划和村庄规划。城市规划、镇规划分为总体规划和详细规划。详细规划分为控制性详细规划和修建性详细规划。"

详细规划是指以总体规划或分区规划为依据,对一定时期内城市(镇)局部地区的土地利用、空间环境和各项建设用地所做的具体安排,它是城市总体规划或分区规划的深化和具体化。

(1)城市总体规划。城市总体规划是指城市人民政府依据国民经济和社会发展规划以及当地的自然环境、资源条件、历史情况、现状特点,统筹兼顾、综合部署,为确定城市的规模和发展方向,实现城市的经济和社会发展目标,合理利用城市土地,协调城市空间布局等所做的一定期限内的综合部署和具体安排。城市总体规划是城市规划编制工作的第一阶段,也是城市建设和管理的依据。

城市总体规划应根据国家对城市发展和建设方针、经济技术政策、国民经济和社会发展的长远规划,在区域规划和合理组织区域城镇体系的基础上,按城市自身建设条件和现状特点,合理制定城市经济和社会发展目标,确定城市的发展性质、规模和建设标准,安排城市用地的功能分区和各项建设的总体布局,布置城市道路和交通运输系统,选定规划定额指标,制定规划实施步骤和措施。最终使城市工作、居住、交通和游憩四大功能活动相互协调发展。总体规划期限一般为20年。建设规划一般为5年,建设规划是总体规划的组成部分,是实施总体规划的阶段性规划。

城市总体规划的内容一般包括:

1）确定城市性质和发展方向,估算城市人口发展规模,确定有关城市总体规划的各项技术经济指标。

2）选定城市用地,确定规划范围,划分城市用地功能分区,综合安排工业、对外交通运输、仓库、生活居住、大专院校、科研单位及绿化等用地。

3）布置城市道路、交通运输系统以及车站、港口、机场等主要交通运输枢纽的位置。

4）大型公共建筑的规划与布点。

5）确定城市主要广场位置、交叉口形式、主次干道断面、主要控制点的坐标及标高。

6）提出给水、排水、防洪、电力、电讯、煤气、供热、公共交通等各项工程管线规划,制定城市园林绿化规划。

7）综合协调人防、抗震和环境保护等方面的规划。

8）旧城区的改造规划。

9）综合布置郊区居民点,蔬菜、副食品生产基地,郊区绿化和风景区,以及大中城市有关卫星城镇的发展规划。

10）近期建设规划范围和主要工程项目的确定,安排建设用地和建设步骤。

11）估算城市建设投资。

城市总体规划是一项综合性很强的科学工作。既要立足于现实,又要有预见性。随社会经济和科学技术的发展,城市总体规划也须进行不断修改和补充,故又是一项长期性和经常性的工作。

（2）控制性详细规划。控制性详细规划(regulatory plan)是城市、县人民政府城乡规划主管部门根据城市、镇总体规划的要求,用以控制建设用地性质、使用强度和空间环境的规划。

根据《城市规划编制办法》第二十二条至第二十四条的规定,根据城市规划深化和管理的需要,一般应当编制控制性详细规划,以控制建设用地性质,使用强度和空间环境,作为城市规划管理的依据,并指导修建性详细规划的编制。

控制性详细规划主要以对地块的用地使用控制和环境容量控制、建筑建造控制和城市设计引导、市政工程设施和公共服务设施的配套,以及交通活动控制和环境保护规定为主要内容,并针对不同地块、不同建设项目和不同开发过程,应用指标量化、条文规定、图则标定等方式对各控制要素进行定性、定量、定位和定界的控制和引导。

控制性详细规划的控制指标分为规定性指标和指导性指标。

规定性指标为以下各项:

1）用地性质:规划用地的使用功能,可根据用地分类标准小类进行标注。

2）用地面积:规划地块划定的面积。

3）建筑密度:规划地块内各类建筑基底占地面积与地块面积之比。它是反映建筑用地经济性的主要指标之一。

计算公式为:建筑密度 = 建筑基底总面积÷建筑用地总面积。

4）建筑控制高度:即由室外明沟面或散水坡面量至建筑物主体最高点的垂直距离。

5）建筑红线后退距离:即建筑最外边线后退道路红线的距离。

6）容积率:即规划地块内各类建筑总面积与地块面积之比。容积率是衡量建筑用地使用强度的一项重要指标。容积率的值是无量纲的比值,容积率以公式表示如下:容积率 = 总建筑面积÷建筑用地面积。

7）绿地率:规划地块内各类绿地面积的总和占规划地块面积的比例。绿地率是反映城市绿化水平的基本指标之一。

8）交通出入口方位:规划地块内允许设置机动车和行人出入口的方向和位置。

9）停车泊位及其他需要配置的公共设施:停车泊位指地块内应配置的停车车位数。其他需要配置的公共设施包括居住区服务设施(中小学、托幼、居住区级公建),环卫设施

（垃圾转运站、公共厕所），电力设施（配电站、所），电信设施（电话局、邮政局），燃气设施（煤气调压站）等。

指导性指标一般为以下各项：

1）人口容量，即规划地块内部每公顷用地的居住人口数。

2）建筑形式、体量、色彩、风格要求。

3）其他环境要求。

控制性详细规划一旦编制好并通过相应的法定程序审批后，即形成法定文件。在规划实施过程中要加强管理，在控制性详细规划完成后即开展修建性详规和单体建筑设计及环境设计。由于整个开发和建设的过程较长，一定要进行跟踪管理，不允许任意修改规划，避免改变使用性质、加建、加层等违章现象出现。建设项目完成后要进行规划验收，不仅要核对建筑密度、容积率等指标，还要对配套建设、绿化环境、停车位、道路、管线等设施的各项指标进行核实，达标后才能予以验收投入使用。

（3）修建性详细规划。修建性详细规划（site plan 或者 constructive-detailed plan）是以城市总体规划、分区规划或控制性详细规划为依据，制订用以指导各项建筑和工程设施的设计和施工的规划设计，是城市详细规划的一种。编制修建性详细规划主要任务是：满足上一层次规划的要求，直接对建设项目做出具体的安排和规划设计，并为下一层次建筑、园林和市政工程设计提供依据。对于当前要进行建设的地区，应当编制修建性详细规划，用以指导各项建筑和工程设施的设计和施工。如图 1-2 所示。

根据建设部《城市规划编制办法》，修建性详细规划应当包括下列内容：

1）建设条件分析及综合技术经济论证。

2）建筑、道路和绿地等的空间布局和景观规划设计，布置总平面图。

3）对住宅、医院、学校和托幼等建筑进行日照分析。

4）根据交通影响分析，提出交通组织方案和设计。

5）市政工程管线规划设计和管线综合。

6）竖向规划设计。

7）估算工程量、拆迁量和总造价，分析投资效益。

城市规划/镇各级规划是以上层规划为依据，对土地利用逐步细化、落实的过程。

图1-2　某居住小区修建性详细规划示意图

3.乡规划/村庄规划

乡规划是对乡村社会、经济、科技等长期发展的总体部署,是指导乡村发展和建设的基本依据。是对乡的发展目标、生产生活、基础设施等各项建设的用地布局、建设要求,以及对耕地等自然资源和历史文化遗产保护等的具体安排和实施管理。包括本行政区域内的村庄发展布局。

村庄是农村居民生活和生产的聚居点。村庄规划是做好农村地区各项建设工作的基础,是各项建设管理工作的基本依据,对改变农村落后面貌,加强农村地区生产设施和生活服务设施、社会公益事业和基础设施等各项建设,推进社会主义新农村建设具有重大意义。

村庄规划分为村庄总体规划和村庄建设规划两个阶段进行。村庄规划的主要内容包括:乡级行政区域的村庄布点,村庄的选址位置、性质、规模和发展方向,村庄的交通、供水、供电、邮电、商业、绿化等生产和生活服务设施的配置。村庄建设规划应当在村庄总体规划指导下,具体安排村庄的各项建设。村庄建设规划的主要内容,可以根据本地区经济发展水平,参照集镇建设规划的编制内容,主要对住宅和供水、供电、道路、绿化、环境卫生以及生产配套设施做出具体安排。村庄规划总平面示意如图1-3所示。

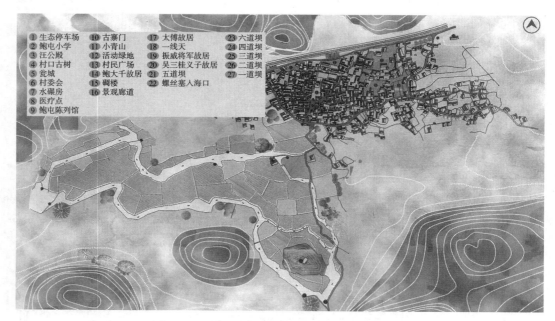

① 生态停车场　⑩ 古寨门　　⑰ 太傅故居　　㉓ 六道坝
② 鲍屯小学　　⑪ 小青山　　⑱ 一线天　　　㉔ 四道坝
③ 汪公殿　　　⑫ 活动绿地　⑲ 振威将军故居　㉕ 三道坝
④ 村口古树　　⑬ 村民广场　⑳ 吴三桂义子故居　㉖ 二道坝
⑤ 瓮城　　　　⑭ 鲍大千故居　㉑ 五道坝　　　㉗ 一道坝
⑥ 村委会　　　⑮ 碉楼　　　㉒ 螺丝塞入海口
⑦ 水碾房　　　⑯ 景观廊道
⑧ 医疗点
⑨ 鲍屯陈列馆

图1-3　村庄规划总平面示意图

三、城乡规划行政体系

在我国行政体制框架下,城乡规划行政机关层级大致可分为国家、省(自治区、直辖市)、市(县、州)和镇(乡)四级。其中自然资源部为国家城乡规划主管机关,各省(自治区、直辖市)人民政府下设自然资源厅(直辖市为规划和自然资源局),市(县、州)人民政府下设规划和自然资源局(或自然资源局),镇(乡)人民政府下设城建所(或建设办等)。

在省级城乡规划行政机关中,虽然省(自治区)与直辖市属于平级,但是省(自治区)城乡规划行政主管部门一般不涉及具体建设项目的规划许可管理。而直辖市要承担大量具体的城乡规划实施管理职能,如建设项目"一书三证"的发放和城市详细规划的编制与审批。

1. 国家城乡规划主管机关

2018 年 3 月 13 日,国务院总理李克强提请第十三届全国人民代表大会审议根据中国共产党十九届三中全会审议通过的《深化党和国家机构改革方案》形成的《国务院机构改革方案》。方案提出组建自然资源部作为国务院组成部门。《中华人民共和国国务院组织法》第八条规定:"国务院各部、各委员会的设立、撤销或者合并,经总理提出,由全国人民代表大会决定;在全国人民代表大会闭会期间,由全国人民代表大会常务委员会决定。"

2018 年 4 月 10 日自然资源部挂牌。组建自然资源部,是国务院自然资源资产管理机构,主要行使各种自然资源摸清底数、确权登记、用途管制等职能。组建原因主要是"为统一行使全民所有自然资源资产所有者职责,统一行使所有国土空间用途管制和生态保护修复职责,着力解决自然资源所有者不到位、空间规划重叠等问题,实现山水林田湖草整体保护、系统修复、综合治理"。自然资源部的成立建立了统一行使国土空间用途管制的空间规划管理体系,揭示一个新的历史发展阶段。作为统一管理山水林田湖草等全民所有自然资源资产的部门,自然资源部整合了国家发展和改革委员会的组织编制主体功能区规划职责,住房和城乡建设部的城乡规划管理职责,水利部的水资源调查和确权登记管理职责,农业部的草原资源调查和确权登记管理职责,国家林业局的森林、湿地等资源调查和确权登记管理职责,国家海洋局的职责,国家测绘地理信息局的职责将整合划归自然资源部。

自然资源部设下列内设机构:办公厅、综合司、法规司、自然资源调查监测司、自然资源确权登记局、自然资源所有者权益司、自然资源开发利用司、国土空间规划局、国土空间生态修复司、国土空间生态修复司、耕地保护监督司、地质勘查管理司、矿业权管理司、矿产资源保护监督司、海洋战略规划与经济司、海域海岛管理司、海洋预警监测司、国土测绘司、地理信息管理司、国家自然资源总督察办公室、执法局、科技发展司、国际合作司(海洋权益司)、财务与资金运用司、人事司、机关党委等。

(1)法规司。承担有关法律法规草案和规章起草工作。承担有关规范性文件合法性审查和清理工作。组织开展法治宣传教育。承担行政复议、行政应诉有关工作。

(2)国土空间规划局。拟订国土空间规划相关政策,承担建立空间规划体系工作并监督实施。组织编制全国国土空间规划和相关专项规划并监督实施。承担报国务院审批的地方国土空间规划的审核、报批工作,指导和审核涉及国土空间开发利用的国家重大专项规划。开展国土空间开发适宜性评价,建立国土空间规划实施监测、评估和预警体系。

(3)国土空间用途管制司。拟订国土空间用途管制制度规范和技术标准。提出土地、海洋年度利用计划并组织实施。组织拟订耕地、林地、草地、湿地、海域、海岛等国土空间用途转用政策,指导建设项目用地预审工作。承担报国务院审批的各类土地用途转用的审核、报批工作。拟订开展城乡规划管理等用途管制政策并监督实施。

(4)国土空间生态修复司。承担国土空间生态修复政策研究工作,拟订国土空间生态修复规划。承担国土空间综合整治、土地整理复垦、矿山地质环境恢复治理、海洋生态、海域海岸带和海岛修复等工作。承担生态保护补偿相关工作。指导地方国土空间生态修复工作。

(5)耕地保护监督司。拟订并实施耕地保护政策,组织实施耕地保护责任目标考核和永久基本农田。特殊保护,负责永久基本农田划定、占用和补划的监督管理。承担耕地占补平衡管理工作。承担土地征收征用管理工作。负责耕地保护政策与林地、草地、湿地等土地资源保护政策的衔接。拟订海洋发展、深海、极地等海洋强国建设重大战略并监督实施。拟订海洋经济发展、海岸带综合保护利用、海域海岛保护利用、海洋军民融合发展等规划并监督实施。

(6)海洋战略规划与经济司。承担推动海水淡化与综合利用、海洋可再生能源等海洋新兴产业发展工作。开展海洋经济运行综合监测、统计核算、调查评估、信息发布工作。

(7)国土测绘司。拟订全国基础测绘规划、计划并监督实施。组织实施国家基础测绘和全球地理信息资源建设等重大项目。建立和管理国家测绘基准、测绘系统。监督管理民用测绘航空摄影与卫星遥感。拟订测绘行业管理政策,监督管理测绘活动、质量,管理测绘资质资格,审批外国组织、个人来华测绘。

(8)地理信息管理司。拟订国家地理信息安全保密政策并监督实施。负责地理信息成果管理和测量标志保护,审核国家重要地理信息数据。负责地图管理,审查向社会公开的地图,监督互联网地图服务,开展国家版图意识宣传教育,协同拟订界线标准样图。提供地理信息应急保障,指导监督地理信息公共服务。

2.省(自治区)城乡规划主管机关

省(自治区)城乡规划管理职能归属于自然资源厅。省(自治区)的城乡规划主管机关的管理职能主要集中于三个部分:一是城乡规划政策法规和技术标准的制定,二是城乡规划的编制审批管理,三是城乡规划的编制资质和执业资格管理。下面以河南省自然资源厅为例介绍省级城乡规划主管机关的机构设置和主要职能。

省级城乡规划主管机关的内设机构主要包括:办公室、综合处、法规处、自然资源调查监测处、河南省自然资源确权登记局、自然资源所有者权益处(审计处)、自然资源开发利用处、国土空间规划局、国土空间用途管制处、国土空间生态修复处、耕地保护监督处、地质勘查管理处、矿业权管理处、矿产资源保护监督处、测绘地理信息管理处、重点项目建设自然资源保障协调办公室、河南省自然资源督察办公室、执法监督局、信访工作处、科技与对外合作处、财务处、人事处、机关党委离退休干部工作处等。

其中,国土空间规划局的职能是:拟订全省国土空间规划相关政策,承担建立全省空间规划体系工作并监督实施;负责生态保护红线、永久基本农田、城镇开发边界等重要控制线统筹划定工作并监督实施;开展国土空间开发适宜性评价,推进落实主体功能区战略和制度;组织编制全省国土空间规划和相关专项规划并监督实施;承担国土空间规划的审核报批工作,指导和审核涉及国土空间开发利用的省重大专项规划。

国土空间用途管制处的主要职能是拟订全省国土空间用途管制制度规范和技术标准并监督实施;负责全省土地等自然资源年度利用计划管理工作;承担各类土地用途转用的审核报批工作;开展重大建设项目用地预审工作;拟订城乡规划管理等用途管制政策并监督实施。

耕地保护监督处的主要职能是拟订并实施全省耕地保护政策,组织实施全省耕地保护责任目标考核;负责永久基本农田划定、占用和补划的监督工作;负责落实耕地占补平衡管理工作;承担土地征收征用管理工作;负责耕地保护政策与林地、草地、湿地等土地资源保护政策的衔接。

3.市(县)城乡规划主管机关

市(县)城乡规划主管机关的称谓不完全统一,大多称自然资源和规划局或规划和自然资源局。对市(县)的城乡规划主管机关而言,城乡规划的实施与监督检查成为重要的管理职能。大城市的城乡规划主管机关往往设置直属分局或派出分局,依据城市行政分区进行分区域的、更加有针对性的管理,城市规模越大,城乡规划主管机关的内设机构愈加趋向于细化,市政、交通等往往会设置独立的管理机构。下面以平顶山市自然资源和规划局为例,进行市县城乡规划主管机关的机构设置和主要职能介绍。

根据《中共河南省委办公室河南省人民政府办公厅关于印发〈平顶山市机构改革方

案〉的通知》(厅文〔2018〕44号)和平顶山市自然资源和规划局职能配置、内设机构和人员编制规定(平办文〔2019〕18号),平顶山市自然资源和规划局是市政府工作部门,为正处级。该机构的设置是为了落实党中央关于统一行使全民所有自然资源资产所有者职责、统一行使所有国土空间用途管制和生态保护修复职责的要求,发挥国土空间规划的管控作用,为保护和合理开发利用自然资源提供科学指引。进一步加强自然资源的保护和合理开发利用,建立健全源头保护和全过程修复治理相结合的工作机制,实现整体保护、系统修复、综合治理。创新激励约束并举的制度措施,推进自然资源节约集约利用。进一步精简下放有关行政审批事项,强化监管力度,充分发挥市场对资源配置的决定性作用,更好发挥政府作用,强化自然资源管理规则、标准、制度的约束性作用,推进自然资源确权登记和评估的便民高效。

平顶山市自然资源和规划局贯彻落实党中央关于自然资源工作的方针政策和决策部署,在履行职责过程中坚持和加强党对自然资源工作的集中统一领导。

主要职责是:

1)履行全市全民所有土地、矿产、森林、湿地、草原、水等自然资源资产所有者职责和所有国土空间用途管制职责。组织实施自然资源和国土空间规划及测绘等法律、法规,拟定相关管理办法并执行。监督检查自然资源和国土空间规划及测绘等法律法规的执行情况。

2)负责全市自然资源调查监测评价。贯彻执行国家自然资源调查监测评价的指标体系和统计标准,落实统一规范的自然资源调查监测评价制度。实施自然资源基础调查、专项调查和监测。负责自然资源调查监测评价成果的监督管理和信息发布。指导全市自然资源调查监测评价工作。

3)负责全市自然资源统一确权登记工作。贯彻执行国家各类自然资源和不动产统一确权登记、权籍调查、不动产测绘、争议调处、成果应用的制度、标准、规范。建立健全全市自然资源和不动产登记信息管理基础平台。负责自然资源和不动产登记资料收集、整理、共享、汇交管理等。指导监督全市自然资源和不动产确权登记工作。

4)负责全市自然资源资产有偿使用工作。贯彻执行国家全民所有自然资源资产统计制度,负责全民所有自然资源资产核算。负责编制全民所有自然资源资产负债表,拟订考核标准。组织实施全民所有自然资源资产划拨、出让、租赁、作价出资,拟订土地储备管理政策并监督实施,合理配置全民所有自然资源资产。负责自然资源资产价值评估管理,依法收缴相关资产收益。

5)负责全市自然资源的合理开发利用。组织拟订自然资源发展规划,贯彻国家自然资源开发利用标准并组织实施,建立政府公示自然资源价格体系,组织开展自然资源分等定级价格评估、自然资源利用评价考核,指导节约集约利用。负责自然资源市场监管。组织研究自然资源管理涉及宏观调控、区域协调和城乡统筹的政策措施。

6)负责建立全市空间规划体系并监督实施。落实主体功能区战略和制度;组织编制国土空间规划和相关专项规划并监督实施;开展国土空间开发适宜性评价,建立国土空间规划实施监测、评估和预警体系;组织划定生态保护红线、永久基本农田、城镇开发边界等控制线,构建节约资源和保护环境的生产、生活、生态空间布局;建立健全国土空间用途管制制度,研究拟订城乡规划政策并监督实施。组织拟订并实施土地等自然资源年度利用计划。负责土地等国土空间用途转用工作。负责土地征收征用管理。依法审核、审批自然资源和规划局管理部门的各类规划。

7)负责我市控制性详细规划、修建性详细规划及各项专业规划的组织、评审、报批和具体实施工作;指导县(市、区)人民政府编制国土空间规划,并负责组织审查、报批工作;指导乡、镇人民政府组织编制乡镇规划、村庄规划;指导和监督全市城乡规划管理工作;负责我市城市规划区内建设用地和各项建设工程的规划管理工作。

8)负责统筹全市国土空间生态修复。牵头组织编制国土空间生态修复规划并实施有关生态修复重大工程。负责国土空间综合整治、土地整理复垦、矿山地质环境恢复治理等工作。牵头建立和实施生态保护补偿制度,制定合理利用社会资金进行生态修复的政策措施,提出重大备选项目。

9)负责组织实施最严格的耕地保护制度。落实国家耕地保护政策,负责耕地数量、质量、生态保护。组织实施耕地保护责任目标考核和永久基本农田特殊保护。完善耕地占补平衡制度,监督占用耕地补偿制度执行情况。

10)负责管理全市地质勘查行业和地质工作。编制地质勘查规划并监督检查执行情况。管理市财政出资的地质勘查项目。监督管理地下水过量开采及引发的地面沉降等地质问题。负责古生物化石的监督管理。

11)承担全市地质灾害预防和治理。落实全市综合防灾减灾规划相关要求,编制地质灾害防治规划并指导实施。管理财政出资的地质灾害预防和治理项目。组织指导协调和监督地质灾害调查评价及隐患的普查、详查、排查。指导开展群测群防、专业监测和预报预警等工作,指导开展地质灾害工程治理工作。承担地质灾害资质相关工作,承担地质灾害应急救援的技术支撑相关工作。

12)负责全市矿业权管理工作。负责矿业权出让及审批登记管理。指导全市矿业权审批登记工作,调处重大权属纠纷。会同有关部门承担保护性开采矿种的总量调控及相关管理工作。

13)负责全市矿产资源保护与监督工作。拟订全市矿产资源政策和规划并组织实施。负责矿产资源储量管理。负责压覆矿产资源相关工作。监督指导矿产资源合理利用和保护。监督指导地质资料管理。

14)负责全市测绘地理信息管理工作。负责基础测绘、地理国情监测及测绘行业管理。负责测绘资质资格与信用管理,监督管理地理信息安全和市场秩序。负责地理信息公共服务管理。负责测量标志保护。会同有关部门规范和监管卫星导航定位基准站的建设及运行维护。

15)推动全市自然资源领域科技发展。制定并实施自然资源领域科技创新发展、人才培养规划和计划。监督实施技术标准、规程规范。组织实施重大科技工程及创新能力建设,推进自然资源信息化和信息资料的公共服务。开展全市自然资源领域对外合作。

16)根据市委、市政府授权或国家自然资源督察机构安排,对县(市、区)人民政府落实党中央、国务院,省委、省政府及市委、市政府关于自然资源和国土空间规划的重大方针政策、决策部署及法律法规执行情况进行督察。查处自然资源开发利用和国土空间规划

及测绘重大违法案件。

17）管理平顶山市林业局。

18）承担平顶山市规划委员会办公室、土地委员会办公室日常工作。

19）完成市委、市政府交办的其他事项。

20）有关职责分工。平顶山市自然资源和规划局负责用于占补平衡的新增耕地测算、认定工作；平顶山市农业农村局负责高标准农田建设新增耕地测算、认定工作。

主要内设机构有：办公室、综合科、政策法规科（信访工作科）、自然资源调查监测科、自然资源确权登记科、自然资源所有者权益科、自然资源开发利用监督科（审计科）、国土空间规划科、大数据和科技科、详细规划科、市政交通规划科、国土空间用途管制科、国土空间生态修复科、耕地保护监督科、矿业权和地质勘查管理科、矿产资源保护监督科、测绘地理信息管理科、行政审批服务科、重点项目建设自然资源保障协调办公室、执法监察科（平顶山市自然资源督察办公室）、财务科、人事科、机关党委、离退休干部工作科 24 个机构。

其中部分内设机构的职能如下：

1）综合科。承担组织编制全市自然资源发展中长期规划和年度计划工作，组织开展政策研究和重大问题调查研究，负责起草重要文件文稿，协调全市自然资源领域综合改革有关工作；承担全市自然资源领域军民融合深度发展工作；承担综合统计和专业统计相关工作；组织办理人大建议和政协提案。

2）政策法规科（信访工作科）。组织起草和送审自然资源和规划管理方面的管理办法和有关文件；承担有关规范性文件的合法性审查和清理工作；负责重大违法案件的法制审查工作；推进全市自然资源和规划系统法治建设，组织开展法治宣传教育；承担行政复议、行政应诉有关工作；负责上级交办、转办信访事项的处置，受理群众来信、接待群众来访，为来信来访群众提供有关法律、法规和政策咨询服务；交办、转送及协调处理重要信访事项；指导全市自然资源和规划系统信访工作和机构队伍建设，组织开展自然资源和规划信访工作业务培训。

3）自然资源调查监测科。贯彻落实国家、省自然资源调查监测评价的指标体系，建立自然资源定期调查监测评价制度。定期组织实施全市性自然资源基础调查、变更调查、动态监测和分析评价；组织开展全市水、森林、草原、湿地资源和地理国情等专项调查监测评价工作；承担全市自然资源调查监测评价成果的汇交、管理、维护、发布、共享和利用监督。

4）自然资源确权登记科。贯彻落实国家、省各类自然资源和不动产统一确权登记、权籍调查、不动产测绘、争议调处、成果应用的制度、标准、规范；承担指导监督全市自然资源和不动产确权登记工作；建立健全全市自然资源和不动产登记信息管理基础平台，管理登记资料。

5）自然资源所有者权益科。贯彻落实全民所有自然资源资产管理政策和统计制度，组织自然资源资产价值评估和资产核算工作；编制全市全民所有自然资源资产负债表，拟订相关考核标准；组织实施全市全民所有自然资源资产划拨、出让、租赁、作价出资和土地储备政策；承担报省政府和市政府审批的改制企业的国有土地资产处置工作。

6)自然资源开发利用监督科(审计科)。贯彻落实国家、省自然资源资产有偿使用制度,配合建立自然资源市场交易规则和交易平台并对活动进行监管,组织开展自然资源市场调控;负责全市自然资源市场监督管理和动态监测,建立自然资源市场信用体系;建立和完善政府自然资源价格体系和公示制度;组织开展自然资源分等定级价格评估;落实自然资源开发利用标准,开展评价考核,指导节约集约利用;负责内部审计相关工作。

7)国土空间规划科。贯彻落实国家、省国土空间规划相关政策,承担建立全市空间规划体系工作并监督实施;负责生态保护红线、永久基本农田、城镇开发边界等重要控制线统筹划定工作并监督实施;开展国土空间开发适宜性评价,推进落实主体功能区战略和制度;组织编制全市国土空间规划和相关专项规划并监督实施,负责城市五线的划定工作;组织起草、审核涉及国土空间开发利用的市内重大专项规划;承担国土空间规划的审核报批工作,指导、审核县(市、区)国土空间规划的编制和涉及国土空间规划开发利用的市重大专项规划;负责国土空间规划编制计划的制定;负责各类国土空间规划的公布工作;指导村庄规划工作;组织编制主体功能区规划。

8)大数据和科技科。拟订全市自然资源和规划领域科技发展的规划、计划;组织实施自然资源和规划领域重大科技,工程、项目及创新能力建设;承担科技体系建设及科技成果的管理工作;统筹全局网络信息安全和信息化基础设施的建设和管理;开展网络安全检查和评估,组织网络安全应急处置工作;负责全局信息化资产管理和运用,统筹全局政务数据共享利用;组织开展自然资源和规划领域的科普活动;研究分析、综合协调自然资源和规划管理工作中相关重大技术问题;牵头组织制定自然资源和规划管理方面的技术标准和规定;负责开展涉及本市自然资源和规划管理的行业资质管理工作;负责地下管线信息系统的建立与动态更新。

9)详细规划科。根据城市建设和社会发展需要,组织控规编制、审查、报批、动态维护;负责重要区域修建性详细规划等规划的组织编制与审查工作;研究拟订有关规划实施和用地规划管理的政策和规章制度;根据控规和上位规划科学划定城市更新、土地收储以及征地的规划实施范围,落实地块用地性质、容积率、高度等技术指标,合理安排地块公共服务配套设施和市政基础设施的规划要求,并提出实施建议;负责城市景观风貌、历史文化街区和历史建筑的研究,相关规划的组织编制及技术标准的制定、管理工作;负责组织建设工程项目设计方案的专家评审与技术审查工作。

10)市政交通规划科。负责组织市政管网、交通、道路综合规划的编制与审查工作;统筹、研究市政交通各专项规划的空间布局。负责市域内大型交通市政基础设施的选址、选线及规划设计方案研究、论证工作;负责对跨区域市政工程规划的业务指导工作;负责城市规划红线、绿线、蓝线、黄线的规划管理工作。

11)国土空间用途管制科。贯彻落实国家、省国土空间用途管制制度规范和技术标准并监督实施;负责全市土地等自然资源年度利用计划管理工作;承担各类土地用途转用的审核报批工作;开展市级以上重大建设项目用地预审工作;组织实施城乡规划管理等用途管制政策。

12)国土空间生态修复科。贯彻落实国土空间生态修复政策,组织制定实施市级国土空间生态修复规划;承担国土空间综合整治、土地整理复垦、矿山地质环境恢复治理等工作；承担生态保护补偿相关工作；承担全市地质灾害预防和治理工作；编制全市地质灾害防治规划并监督检查执行情况；管理财政出资的地质灾害预防和治理项目；管理地质灾害相关资质；监督管理地下水过量开采及引发的地面沉降等地质问题；指导全市国土空间生态修复工作。

13）耕地保护监督科。贯彻落实耕地保护政策，组织实施全市耕地保护责任目标考核和永久基本农田特殊保护，负责永久基本农田划定、占用和补划的监督工作；负责落实耕地占补平衡管理工作、承担土地征收征用管理工作；负责耕地保护政策与林地、草原、湿地等土地资源保护政策的衔接。

第三节 城乡规划发展现状与趋势

一、城乡规划学科简介

城乡规划为一级学科。根据国务院学位委员会与中华人民共和国教育部联合下发的《关于印发〈学位授予和人才培养学科目录（2011 年）〉的通知》，城市规划专业在学科调整中提升为一级学科，并更名为"城乡规划学"，隶属于工学，学科编号 0833。城乡规划是一个综合性学科，涉及城乡规划、城市规划、区域规划、旅游规划、建筑设计、风景园林、农业经济、生态环保、水利工程等专业。

21 世纪是城市的世纪，中国作为世界上人口最多的发展中国家，未来 20 年中国城镇化进程将对全球发展产生深远影响。党中央和国家政府高度重视我国城乡建设事业科学发展，将社会经济、生态资源、生命安全等与城市和乡村建设统筹考虑，作为国家中长期发展战略。城乡规划专业教育，是支撑城乡建设事业的人才技术的重要保障。因此，将城乡规划学作为一级学科进行建设，是我国城镇化健康发展和城乡和谐统一的重要支撑性工作。近二十年来，我国城乡规划学的学科建设发展很快。据不完全统计，截至 2021 年，国内设有城乡规划专业的大学院校在 230 所左右。办学领域涉及面较广，如建筑类、地理区域类、人文社科类、农林类等。城乡规划学科的蓬勃发展，使得城乡规划教育为地方社会经济发展和城乡建设服务的必要性和现实性显得越来越重要，我国城乡规划教育正显现出良好的发展态势和承担重要社会职能的作用。

城乡规划学学科和建筑学、风景园林学曾经是"建筑学"一级学科下属的二级学科（风景园林曾经是城市规划学科中的一个方向），构成以人居环境科学为学科门类的三个一级学科群，学科群培育发展，以开放的学科体系构成，随着国家社会经济和科学教育事业的发展，吸纳其他学科的加入和拓展，逐步成型人居环境学科门类。清华大学吴良镛教授（中国工程院院士、中国科学院院士）在《人居环境科学导论》中，对建筑、城乡规划、景观园林的学科关系，以及与其他相关学科的关系，进行了"融贯学科体系构架"的阐述。

日前，教育部、财政部、国家发展改革委印发《关于公布世界一流大学和一流学科建设高校及建设学科名单的通知》，公布世界一流大学和一流学科（简称"双一流"）建设高校及建设学科名单。其中涉及城乡规划学的高校有 2 所，分别是清华大学和同济大学，涉及建筑学的高校有 3 所,分别是清华大学、同济大学、东南大学,涉及风景园林学的高校有 4 所,分别是北京林业大学、清华大学、同济大学和东南大学。

二、城乡规划发展热点

(一)十九大报告中关于城乡规划的重要论述

当前,我国的主要矛盾已经转变为"人民日益增长的美好生活需要和不平衡不充分的发展之间的矛盾"。这当中城乡发展的不平衡、农业农村发展的不充分问题表现得尤为突出。事实上,早在 21 世纪初党中央就基于城乡发展的现实,开始对城乡关系做出重大调整。2002 年,党的十六大提出统筹城乡发展;2007 年,党的十七大提出城乡一体化;2012 年,党的十八大以后城乡发展一体化成为党和国家的工作重心之一;2017 年,党的十九大明确提出建立健全城乡融合发展的体制机制和政策体系。从统筹城乡发展,到城乡发展一体化,再到城乡融合发展,本质上是一脉相承的,但是从内容上体现出党中央对于城乡发展失衡问题的重视程度不断提高,对于构建新型城乡关系的思路不断升华。十九大报告大气磅礴、内涵丰富,浓缩了 5 年来中国共产党治国理政的经验与启示,描绘了从现在至 21 世纪中叶的宏伟蓝图。报告中一系列新思想、新论断、新提法、新举措受到广泛关注,引发强烈反响,其中,很多重要论述都和城乡规划领域息息相关,需要加强领会和学习。

1. 坚持新发展理念

发展是解决我国一切问题的基础和关键,发展必须是科学发展,必须坚定不移贯彻创新、协调、绿色、开放、共享的新发展理念。必须坚持和完善我国社会主义基本经济制度和分配制度,毫不动摇巩固和发展公有制经济,毫不动摇鼓励、支持、引导非公有制经济发展,使市场在资源配置中起决定性作用,更好发挥政府作用,推动新型工业化、信息化、城镇化、农业现代化同步发展,主动参与和推动经济全球化进程,发展更高层次的开放型经济,不断壮大我国经济实力和综合国力。

2. 坚持人与自然和谐共生

建设生态文明是中华民族永续发展的千年大计。必须树立和践行绿水青山就是金山银山的理念,坚持节约资源和保护环境的基本国策,像对待生命一样对待生态环境,统筹山水林田湖草系统治理,实行最严格的生态环境保护制度,形成绿色发展方式和生活方式,坚定走生产发展、生活富裕、生态良好的文明发展道路,建设美丽中国,为人民创造良好生产生活环境,为全球生态安全做出贡献。

3. 实施乡村振兴战略

农业农村农民问题是关系国计民生的根本性问题,必须始终把解决好"三农"问题作为全党工作重中之重。要坚持农业农村优先发展,按照产业兴旺、生态宜居、乡风文明、治理有效、生活富裕的总要求,建立健全城乡融合发展体制机制和政策体系,加快推进农业农村现代化。巩固和完善农村基本经营制度,深化农村土地制度改革,完善承包地"三权"分置制度。保持土地承包关系稳定并长久不变,第二轮土地承包到期后再延长三十年。深化农村集体产权制度改革,保障农民财产权益,壮大集体经济。确保国家粮食安全,把中国人的饭碗牢牢端在自己手中。构建现代农业产业体系、生产体系、经营体系,完善农业支持保护制度,发展多种形式适度规模经营,培育新型农业经营主体,健全农业社会化服务体系,实现小农户和现代农业发展有机衔接。促进农村一、二、三产业融合发展,支持和鼓励农民就业创业,拓宽增收渠道。加强农村基层基础工作,健全自治、法治、德治相结合的乡村治理体系。培养造就一支懂农业、爱农村、爱农民的"三农"工作队伍。

4. 实施区域协调发展战略

加大力度支持革命老区、民族地区、边疆地区、贫困地区加快发展,强化举措推进西部大开发形成新格局,深化改革加快东北等老工业基地振兴,发挥优势推动中部地区崛起,创新引领率先实现东部地区优化发展,建立更加有效的区域协调发展新机制。以城市群为主体构建大中小城市和小城镇协调发展的城镇格局,加快农业转移人口市民化。以疏解北京非首都功能为"牛鼻子"推动京津冀协同发展,高起点规划、高标准建设雄安新区。以共抓大保护、不搞大开发为导向推动长江经济带发展。支持资源型地区经济转型发展。加快边疆发展,确保边疆巩固、边境安全。坚持陆海统筹,加快建设海洋强国。

(二) 乡村振兴战略

乡村振兴战略是习近平同志 2017 年 10 月 18 日在党的十九大报告中提出的战略。十九大报告指出,农业农村农民问题是关系国计民生的根本性问题,必须始终把解决好"三农"问题作为全党工作的重中之重,实施乡村振兴战略。2018 年 9 月,中共中央、国务院印发了《乡村振兴战略规划(2018—2022 年)》,并发出通知,要求各地区各部门结合实际认真贯彻落实。

1. 实施意义

乡村是具有自然、社会、经济特征的地域综合体,兼具生产、生活、生态、文化等多重功能,与城镇互促互进、共生共存,共同构成人类活动的主要空间。乡村兴则国家兴,乡村衰则国家衰。我国人民日益增长的美好生活需要和不平衡不充分的发展之间的矛盾在乡村最为突出,我国仍处于并将长期处于社会主义初级阶段,它的特征很大程度上表现在乡村。全面建成小康社会和全面建设社会主义现代化强国,最艰巨最繁重的任务在农村,最广泛最深厚的基础在农村,最大的潜力和后劲也在农村。实施乡村振兴战略,是解决新时代我国社会主要矛盾、实现"两个一百年"奋斗目标和中华民族伟大复兴中国梦的必然要求,具有重大现实意义和深远历史意义。

1)实施乡村振兴战略是建设现代化经济体系的重要基础。
2)实施乡村振兴战略是建设美丽中国的关键举措。
3)实施乡村振兴战略是传承中华优秀传统文化的有效途径。
4)实施乡村振兴战略是健全现代社会治理格局的固本之策。
5)实施乡村振兴战略是实现全体人民共同富裕的必然选择。

2. 实施目的

坚持农业农村优先发展,按照产业兴旺、生态宜居、乡风文明、治理有效、生活富裕的总要求,建立健全城乡融合发展体制机制和政策体系,统筹推进农村经济建设、政治建设、文化建设、社会建设、生态文明建设和党的建设,加快推进乡村治理体系和治理能力现代化,加快推进农业农村现代化,走中国特色社会主义乡村振兴道路,让农业成为有奔头的产业,让农民成为有吸引力的职业,让农村成为安居乐业的美丽家园。

3. 实施时间

2017 年 12 月 29 日,中央农村工作会议首次提出走中国特色社会主义乡村振兴道路,让农业成为有奔头的产业,让农民成为有吸引力的职业,让农村成为安居乐业的美丽家园。实施乡村振兴战略实行"三步走"时间表。

按照党的十九大提出的决胜全面建成小康社会、分两个阶段实现第二个百年奋斗目标的战略安排,中央农村工作会议明确了实施乡村振兴战略的目标任务:

1)到 2020 年,乡村振兴取得重要进展,制度框架和政策体系基本形成;

2)到 2035 年,乡村振兴取得决定性进展,农业农村现代化基本实现;

3)到 2050 年,乡村全面振兴,农业强、农村美、农民富全面实现。

2018 年 9 月 21 日,中共中央政治局就实施乡村振兴战略进行第八次集体学习。中共中央总书记习近平在主持学习时强调,乡村振兴战略是党的十九大提出的一项重大战略,是关系全面建设社会主义现代化国家的全局性、历史性任务,是新时代"三农"工作总抓手。

4. 实现路径

中国特色社会主义乡村振兴道路怎么走? 会议提出了七条"之路":

1)必须重塑城乡关系,走城乡融合发展之路;

2)必须巩固和完善农村基本经营制度,走共同富裕之路;

3)必须深化农业供给侧结构性改革,走质量兴农之路;

4)必须坚持人与自然和谐共生,走乡村绿色发展之路;

5)必须传承发展提升农耕文明,走乡村文化兴盛之路;

6)必须创新乡村治理体系,走乡村善治之路;

7)必须打好精准脱贫攻坚战,走中国特色减贫之路。

5. 乡村振兴战略对城乡规划的启示

实施乡村振兴战略是一项长期的历史性任务,将伴随着现代化建设的全过程,要管到 2050 年。因此,必须注意做好顶层设计,注重规划先行、突出重点、分类实施、典型引路。在实际工作中,既要有只争朝夕的精神,又要有科学求实的作风;既要尽力而为,又要量力而行,扎实推进、从容建设、久久为功。要防止层层加码、"刮风"搞运动、搞"一刀切"。比如,现在在贫困地区,乡村振兴就是要集中精力、尽锐出战、稳扎稳打、集中力量打好精准脱贫攻坚战,为乡村振兴打好坚实的基础。

为此,中央一号文件提出,各地区各部门要编制乡村振兴地方规划和专项规划或方案。加强各类规划的统筹管理和系统衔接,形成城乡融合、区域一体、多规合一的规划体系。这就是要防止出现一哄而上、急于求成、大轰大鸣的情况。各地要按照中央一号文件的要求,根据各地发展的现状和需要分类有序推进乡村振兴。

三、城乡规划体系改革历程及启示

我国城市规划体系改革由"苏联模式"发展到今天全域全要素管控的国土空间规划体系,每次体系改革都会启动一个轮次规划业务大发展。

第一轮：计划经济时期（1949—1978）。在"苏联模式"的影响下开展了一系列城市总体规划，是计划经济时代的产物，以组织建筑和工程专业的编制为手段，间接落实到国民经济计划到生产、生活。

第二轮：改革开放初期（1978—1980）。这个时期的城市总体规划增加城市经济社会发展分析和城镇体系规划内容，丰富了专项规划。

第三轮：经济大发展时期（1980—2018）。以社会经济环境的可持续发展为原则，加快城市化进程，重点考虑城市形象，城市个性和城市特色以及资源的合理配置及利用，最终实现可持续发展。

第四轮：2018年至今。国家相继出台政策推进国土空间规划体系：《中共中央 国务院关于建立国土空间规划体系并监督实施的若干意见》《中共中央国务院关于统一规划体系更好发挥国家发展规划战略导向作用的意见》等。

国土空间规划体系建立与时间表的划定将带动新一轮规划产业发展。

建立国土空间规划体系并监督实施三个重要时间节点：

一是到2020年基本建立国土空间规划体系。2020年底要基本完成市县以上国土空间总体规划的编制，建立形成全国国土空间开发保护的"一张图"。

二是到2025年要健全国土空间规划法规政策和技术标准体系。形成以国土空间规划为基础，以统一的用途管制为手段的国土空间开发保护制度。

三是到2035年，全面提升国土空间治理体系和治理能力现代化水平。基本形成生产空间集约高效、生活空间宜居适度、生态空间山清水秀的国土空间开发保护格局。

所谓行业，是指从事国民经济中同样性质的生产、服务和其他经济社会活动的经营单位或者个体的组织结构体系。一项工作或活动能够发展成为一个行业，必须具备能够实现产业化、市场化的条件。城乡规划行业就是由从事城乡规划相关工作的企事业单位、社会组织和个体共同形成的组织结构体系，主体是各类城市规划设计和咨询机构（简称"规划院"）。

改革开放以来，我国城市规划行业的转型发展与规划院的市场化改革密切相关。1954年计划经济时期，国家城市设计院成立，主要承担八大重点城市规划。改革开放以后，城市规划迎来"第二个春天"，各地规划院纷纷恢复或新设，并于20世纪80年代中期开始，逐步推行事业单位企业化管理。以1985年国家计委颁布《城市规划设计收费标准（试行）》为标志，规划编制工作进入收费咨询阶段，规划局与规划院过去平行的工作关系，转变为甲、乙方的合同委托关系。许多规划院转为自收自支的事业单位后，其经营自主性、用人用钱的灵活性得到进一步加强。规划院注册登记管理、资质管理、全面质量管理等措施相继出台，以及后来注册规划师制度的推行，都进一步强化了规划院的企业化属性和规划师的职业属性。1994年，中国城市规划协会正式成立，标志着城市规划作为一个独立的行业得到普遍认可。中国加入WTO后，规划设计市场全面开放。在国家推动事业单位改革的进程中，一些规划院改制为国有企业或股份制企业。与此同时，民营规划院增长迅速，国外规划设计咨询机构也纷纷进入中国市场。据统计，截至2018年4月，全国甲级规划机构已从1987年的不足40家增长到417家，并由过去以事业单位规划院为主体，转变为多种经营体制并存的多元化局面。至此，中国城市规划行业的市场化格局基本形成。

国务院机构改革提示我们,我国城乡建设由增量型向存量型转变。对国土资源部来说,意味着由过去的"小国土时代"进入到新的"大国土时代"。自然资源部对自然资源开发利用和保护进行监管,建立空间规划体系并监督实施,履行全民所有各类自然资源资产所有者职责,统一调查和确权登记,建立自然资源有偿使用制度,负责测绘和地质勘查行业管理,中国经济发展由土地财政为主导转向生态文明为主导的新发展模式,中国城镇化进程由"土地城镇化"阶段迈向"人的城镇化"阶段,由增量型向存量型转变。我国城乡规划行业的市场化转型总体上是成功的,提升了工作效率和设计水平,吸引了大批专业人才,壮大了技术队伍。但市场化是一把"双刃剑",城市规划工作中所暴露出的许多问题,不可否认也与行业的过度市场化有密切关系。《中共中央国务院关于建立国土空间规划体系并监督实施的若干意见》作为新时期空间规划改革的顶层设计,明确了重构国土空间规划体系的目标和方向:在理念上要优先体现生态文明建设要求,适应治理能力现代化的要求;在内容上要从服务城市开发建设转向自然资源的保护和利用,对全域国土空间进行全要素的规划,实现自然资源的统一管理;在目标上要全面实现高水平治理、高质量发展和高品质生活。同时,对规划的科学性、严肃性、权威性、可实施性也提出了更高的要求。

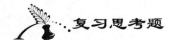 复习思考题

1. 怎样理解城乡规划的特点和原则?
2. 简述城乡规划法规体系的基本框架。
3. 城乡规划核心主干法是什么? 其基本内容有哪些?
4. 简述城乡规划编制体系构成。
5. 简述城乡规划行政体系。
6. 简述城乡规划目前的一些热点问题。

第二章 城乡规划专业培养要求

....

第一节 城乡规划人才培养标准

一、工程专业认证标准

(一)《华盛顿协议》简介

《华盛顿协议》是世界上最具影响力的国际本科工程学位互认协议,其宗旨是通过双边或多边认可工程教育资格及工程师执业资格,促进工程师跨国执业。该协议提出的工程专业教育标准和工程师职业能力标准,是国际工程界对工科毕业生和工程师职业能力公认的权威要求。《华盛顿协议》是国际工程师互认体系的六个协议中最具权威性,国际化程度较高,体系较为完整的"协议",是加入其他相关协议的门槛和基础。《华盛顿协议》于1989年由来自美国、英国、加拿大、爱尔兰、澳大利亚、新西兰6个国家的民间工程专业团体发起和签署。该协议主要针对国际上本科工程学历(一般为四年)资格互认,确认由签约成员认证的工程学历基本相同,并建议毕业于任一签约成员认证的课程的人员均应被其他签约国(地区)视为已获得从事初级工程工作的学术资格。2013年,我国加入《华盛顿协议》成为预备成员,2016年6月2日,在吉隆坡召开的国际工程联盟大会上,全票通过了我国加入《华盛顿协议》的转正申请,我国成为第18个《华盛顿协议》正式成员。

我国从2006年开始开展工程教育认证,现有14 000多个工程教育专业布点数,占高等学校专业总布点数的1/3,工程专业类在校生超过300万人,占全国本科总数的1/3,毕业生超过100万人,占全国本科毕业生总数的1/3。工程教育认证对于中国高等教育意味着进入国际就业市场的"通行证"。

目前,几乎所有相关院校都对参与工程教育认证表现出空前的热情。一是新颖的育人理念,二是未来工程师"毕业生"通行国际的执业资格。

清华大学原副校长余寿文认为,加入《华盛顿协议》,直接有力地推动了我国构建与国际实质等效的工程教育认证体系,实质等效就是让学生走出国门、培养面向世界的中国工程师。

南京大学教授陈道蓄认为,成为《华盛顿协议》的正式会员可以让学生们取得经过认证合格的专业的毕业文凭,相当于拿到了进入国际就业市场的"通行证"。"成为正式成员之后,通过认证的专业就会带上认证标签,而学生们到国外,包括移民、找工作都可以直接使用,不存在任何差别。"

(二)《华盛顿协议》的基本理念

1. 以学生为中心的教育理念

以学生为中心的教育理念,是从学生入学到学生毕业为时间段,贯穿于学生成长的各个环节,涵盖了大学四年的方方面面。教育工作者要牢固树立"以本科生为本"的教育理念,所有工作都要以本科生教学为中心。学生的范围应是全体本科生,要保障所有毕业生能力的达成,防止只重视培养少数拔尖人才而忽视全体学生的发展,使教学改革的成果惠及全体学生。

2. 以学生学习成果为教育导向

《华盛顿协议》采用"以成果输出为导向"的认证标准,更加强调教育的"产出"质量,也就是毕业生离校时具备了什么能力,能干什么,会做什么。《华盛顿协议》规定了 12 项毕业生素质要求,毕业生素质是一系列独立均具可评价性的成果的组合,这些成果是体现毕业生潜在能力的重要因素,内容涉及工程知识,工程能力,通用技能,工程态度,所要求的毕业生要求与协议的范例有实质等效性。

3. 持续质量改进

《华盛顿协议》规定学校必须有自己的质量保证体系,并能够持续改进,这是一所学校成熟和负责的表现。持续改进的实现,质量监控与评估是基础,反馈机制是核心。学校要把促进质量提升作为一种价值追求和行动自觉的质量文化,建立发现问题—及时反馈—敏捷响应—有效改进的持续质量改进循环机制。

二、国家本科专业类教学质量标准

(一)标准简介

2018 年 1 月,教育部发布《普通高等学校本科专业类教学质量国家标准》(以下简称《标准》),涵盖普通高校本科专业目录中全部 92 个本科专业类、587 个专业,涉及全国高校 5.6 万多个专业点,这是我国发布的第一个高等教育教学质量国家标准。"有了标准才能加强引导、加强监管、加强问责。"颁布《标准》对建设中国特色、世界水平的高等教育质量标准体系具有重要的标志性意义。

此次发布的《标准》内容主要涵盖概述、适用专业范围、培养目标、培养规格、师资队伍、教育条件、质量保障体系、附录等 8 项内容。特别对各专业类师资队伍数量和结构、教师学科专业背景和水平、教师教学发展条件等提出定性和定量相结合的要求。同时,明确了各专业类的基本办学条件、基本信息资源、教学经费投入等要求。《标准》还列出了各专业类知识体系和核心课程体系建议。

(二)三大原则

1. 突出学生中心,注重激发学生的学习兴趣和潜能,创新形式、改革教法、强化实践,推动本科教学从"教得好"向"学得好"转变。

2. 突出产出导向,主动对接经济社会发展需求,科学合理设定人才培养目标,完善人才培养方案,优化课程设置,更新教学内容,切实提高人才培养的目标达成度、社会适应度、条件保障度、质保有效度和结果满意度。

3. 突出持续改进,强调做好教学工作要建立学校质量保障体系,要把常态监测与定期评估有机结合,及时评价、及时反馈、持续改进,推动教育质量不断提升。

第二节　城乡规划行业调研及启示

一、调研背景与目的

近年来,我国城乡规划领域相继出台多项重要文件,城乡规划人才缺口增大。如乡村振兴战略是习近平同志 2017 年 10 月 18 日在党的十九大报告中提出。2018 年 1 月 2 日,国务院公布了 2018 年中央一号文件,即《中共中央国务院关于实施乡村振兴战略的意见》。2018 年 9 月,中共中央、国务院印发了《乡村振兴战略规划(2018—2022 年)》。2019 年 5 月《中共中央国务院关于建立国土空间规划体系并监督实施的若干意见》发布,标志着国土空间规划体系顶层设计基本形成。应用型本科高校教学以市场需求为导向,在行业趋势发生较大变化的背景下,校内教学理应与时俱进、紧跟潮流,重新梳理教学内容和体系,更新知识与技能,培养与社会对接的应用型人才。

调研旨在了解全国及河南省城乡规划专业人才现状、需求状况,重点调查平顶山及周边地市不同级别城乡规划设计研究院人才现状、需求状况;了解全国及河南省城乡规划专业人才培养现状、专业对口就业状况。通过分析调研结果,为城乡规划专业设置及人才培养提供参考依据。

二、调研内容及对象

(一)调研内容

(1)城乡规划毕业生就业及薪资现状。问卷、访谈毕业生,了解其就业范围、薪资现状。

(2)城乡规划专业人才需求状况。不同级别城乡规划设计研究院城乡规划专业人才现状、人才需求状况、专业人才招聘中存在的问题及原因。

(3)城乡规划专业人才培养状况。河南省开办城乡规划专业高校及招生情况、河南省高校城乡规划毕业生就业情况、城乡规划专业设置及人才培养中存在的问题。

(二)调研对象

调查对象为河南省各级城乡规划设计研究院、开设城乡规划专业的学校的业务管理人员,本专业的毕业生等。

毕业生就业状况及其所在用人单位问卷调研 31 个。实地调研的城乡规划设计院包括河南省城乡规划设计研究院、河南省豫建设计研究院、郑州大学综合设计研究院等;实地调研的高等学校包括郑州大学、华北水利水电大学、河南城建学院等。

三、调研过程及主要启示

(一)问卷调研及主要启示

1. 基本情况介绍

此次问卷调查的目的是了解全国及河南省城乡规划专业人才培养现状、专业对口就业状况。通过分析调研结果,为城乡规划专业设置及人才培养提供参考依据。2020年10月16—30日,本教材的编委(主要由平顶山学院旅游与规划学院城乡规划专业的骨干老师构成)合理分工协作,在问卷设计、筛选毕业之后在相关单位从事城乡规划工作的优秀毕业生名单之后,发放并回收了预定数量的问卷。本次采取的是抽样问卷调查,调查对象为从事城乡规划专业毕业的规划师。问卷通过微信等软件发送链接给被调查人,共计发出问卷31份,回收问卷31份,有效问卷31份。调研单位名单详见表2-1。

表2-1　问卷调研单位名单

序号	单位名称
1	河南省城乡规划设计研究总院股份有限公司
2	河南省地质环境规划设计院有限公司
3	洛阳市规划建筑设计研究院有限公司
4	甘肃省城乡规划设计研究院有限公司
5	兰州交通大学
6	河南中纬测绘规划信息工程有限公司
7	徐州市生态文明建设研究院
8	河南农业大学
9	中电云科信息技术有限公司
10	珠海正方城市更新投资有限公司
11	武汉大美城乡规划咨询有限公司
12	河南日兆勘测规划设计有限公司
13	中建二局第二建筑工程有限公司
14	黄河街道办事处
15	广东国地规划科技有限公司
16	杭州同林建筑规划设计有限公司
17	海南嘉信地源勘测规划设计有限公司
18	苏州科技大学天平学院
19	文昌市规划编制研究中心
20	南京市规划设计研究院有限责任公司

续表2-1

序号	单位名称
21	中匠民大国际工程设计有限公司
22	河南省纺织建筑设计院有限公司
23	福州市规划设计研究院
24	浙江大学城乡规划设计研究院有限公司
25	上海嘉睿建筑设计顾问有限公司
26	浙江城市空间建筑规划设计有限公司长沙分院
27	中科宏图勘测规划有限公司
28	四川省建筑设计研究院
29	人禾景观设计工程集团有限公司
30	平顶山市城市规划设计研究院
31	中社科(北京)城乡规划设计研究院

2. 调查结果与说明

(1)人才现状。通过对往届毕业生发放问卷得出的数据见表2-2。

表2-2　问卷调研人才现状

序号	项目		人数	百分比
1	所在单位的规模	<10 人	0	0%
		10~50	11	35.48%
		50~100	1	3.23%
		100~300	8	25.81%
		300~500	2	6.45%
		500 以上	9	29.03%
2	所在单位的资质	规划甲级	15	48.39%
		规划乙级	12	38.71%
		规划丙级	3	9.68%
		暂无资质	1	3.23%
3	所在单位对于招收城乡规划人才的最低学历要求	专科及以下	1	3.23%
		大学本科	22	70.97%
		硕士研究生	8	25.81%
		博士研究生	0	0%

续表2-2

序号	项目		人数	百分比
4	单位规划人才骨干最多集中在哪类学历	专科及以下	0	0%
		大学本科	17	54.84%
		硕士研究生	14	45.16%
		博士研究生	0	0%

城乡规划专业就业态势良好。在就业单位规模以上具有甲级规划资质单位占多数。同时,规划单位对本专业人才学历的最低要求以大学本科为主,但单位内规划骨干硕士研究生更有优势,故教学单位在人才培养时可大力引导学生继续深造。

另外,由调查数据可知,目前用人单位规划人才队伍存在的主要问题是专业水平和业务技能不高,还有人才流失严重;调研结果认为要解决这些问题主要靠健全人才激励机制和约束机制;吸引学生入职并长期留在用人单位主要的原因是工作环境、工资待遇、子女教育、再教育机会,职称晋升等条件好,吸引力大。

(2)人才需求状况。通过对往届毕业生发放问卷得出表2-3所示调查数据。

表2-3　问卷调研人才需求状况

序号	项目		人数	百分比
1	单位对城乡规划专业本科生的需求情况	需求饱和,供大于求	9	29.03%
		需求不足,供小于求	14	45.16%
		供需平衡	8	25.81%
2	未来3年,单位对城乡规划专业本科生的总体需求	增加	11	35.48%
		减少	7	22.58%
		变化不大	8	25.81%
		不清楚	5	16.13%
3	未来3年,单位对城乡规划本科生的平均需求数量	5以下	13	41.94%
		6~10	10	32.26%
		11~15	4	12.9%
		16~20	2	6.45%
		20以上	2	6.45%
4	未来3年,贵单位最紧缺的规划人才学历层次	专科及以下	0	0%
		大学本科	4	12.9%
		硕士研究生	19	61.29%
		博士研究生	8	25.81%

续表2-3

序号	项目		人数	百分比
5	单位在招聘城乡规划本科毕业生时,首要考虑的因素	毕业学校	17	54.84%
		专业基础知识	20	64.52%
		专业技能	27	87.1%
		社会实践经历	17	54.84%
		创新能力	10	32.26%
		组织沟通能力	20	64.52%
		在校期间获得荣誉	1	3.23%

目前来看社会上对城乡规划人才具有一定的需求量,且用人单位希望引进的是硕士研究生以上学历的规划人才。同时调查数据还表明,用人单位在引进人才时比较注重的是专业技能、专业基础知识、组织沟通能力和社会实践能力,而这些直接对应本校城乡规划专业培养方案上对应用型规划人才的要求。

(3)人才培养意见。通过向往届毕业生发放问卷得出表2-4所示调查数据。

表2-4 问卷调研人才培养意见

序号	项目		人数	百分比
1	为满足基层规划人才需求,高校应	扩大研究生招生规模	12	38.71%
		扩大本科招生规模	13	41.94%
		扩大高职(专科招生规模)	0	0%
		其他	6	19.35%
2	您认为毕业生最需要解决的问题是	专业相关知识不够扎实	30	96.77%
		对公司缺乏提前了解	6	19.35%
		简历中缺个人想法	5	16.13%
		对职业规划没有清晰的定位	16	51.61%
		缺乏专业知识应用能力	25	80.65%
		没有养成积极的心态	11	35.48%
		工作态度不够端正	9	29.03%
		其他	1	3.23%

续表2-4

序号	项目		人数	百分比
3	除了专业思维和能力外，您认为规划师还需要具备什么素质或能力	工作能力强,工作效率高	24	77.42%
		人际交往能力强	25	80.65%
		目的性强,对职业规划定位清晰	10	32.26%
		富有责任感,做事踏实认真	27	87.1%
		适应能力强,吃苦耐劳	20	64.52%
		有团队合作意识	21	67.74%
		工作态度端正,有良好的行为习惯	20	64.52%
		其他	1	3.23%
4	您认为高校方面应采取的措施有	加强专业素养	25	80.65%
		德智体全面发展,知识、能力、素养协调发展	18	58.06%
		拓宽专业、正题优化、增强毕业生的适应性	29	93.55%
		加强时间教学,培养创新能力	15	48.39%
		其他	0	0%
5	您认为在学生个人方面应采纳的措施有	认真自主学习知识及专业软件	26	83.87%
		参加专业类比赛	18	58.06%
		考取相关专业证书	12	38.71%
		参加实习	20	64.52%
		主动尝试不同类型的项目	23	74.19%
		跑调研	7	22.58%
		进行科研项目	11	35.48%
		参加培训班	2	6.45%
		获得本科以上学位	5	16.13%
		跟着专业老师、导师学习	15	48.39%
		其他	0	0%

　　调研结果显示,城乡规划专业招聘的学历要求仍以本科和研究生为主。与行业对接的过程中存在的主要问题主要有三方面:专业相关知识不够扎实、缺乏专业知识应用能力

以及对职业规划没有清晰的定位。除了专业思维和能力外,作为规划设计师,还需要具备较强的人际交往能力,对待工作要踏实认真、富有责任感。针对此类问题,问卷结果表明高校应采取的措施有:拓宽专业面、正题优化、增强毕业生的适应性,加强专业素养,同时培养学生德智体全面发展,知识、能力、素养协调发展。学生个人应采取的措施有:认真自主学习知识及专业软件、主动尝试不同类型的项目、参加实习、参加专业类比赛。

在城乡规划专业能力与能力培养方面,我们得到表2-5和表2-6所示数据。

表2-5 问卷调研胜任规划设计岗位所需的知识与能力结构

题目/选项	A. 非常重要	B. 重要	C. 一般	D. 不重要	E. 非常不重要
绘图能力	16(51.61%)	11(35.48%)	4(12.9%)	0(0%)	0(0%)
GIS、RS、GPS等软件应用	16(51.61%)	12(38.71%)	3(9.68%)	0(0%)	0(0%)
规划方案制订	21(67.74%)	8(25.81%)	2(6.45%)	0(0%)	0(0%)
规划文本撰写	20(64.52%)	8(25.81%)	3(9.68%)	0(0%)	0(0%)
项目策划与管理能力	14(45.16%)	12(38.71%)	5(16.13%)	0(0%)	0(0%)
资源和社会调查	8(25.81%)	15(48.39%)	8(25.81%)	0(0%)	0(0%)
英语	1(3.23%)	6(19.35%)	15(48.39%)	7(22.58%)	2(6.45%)
科学研究能力	12(38.71%)	6(19.35%)	11(35.48%)	1(3.23%)	1(3.23%)
沟通协调能力	19(61.29%)	12(38.71%)	0(0%)	0(0%)	0(0%)

表2-6 问卷调研专业能力培养方法

题目/选项	A. 参与各类技能大赛	B. 自主学习	C. 通过培训机构	D. 在相关企业实习	E. 课堂学习	F. 其他
绘图能力	7(22.58%)	10(32.26%)	4(12.9%)	8(25.81%)	2(6.45%)	0(0%)
GIS、RS、GPS等软件应用	7(22.58%)	11(35.48%)	5(16.13%)	8(25.81%)	0(0%)	0(0%)
规划方案制订	8(25.81%)	6(19.35%)	0(0%)	13(41.94%)	4(12.9%)	0(0%)
规划文本撰写	5(16.13%)	8(25.81%)	0(0%)	14(45.16%)	3(9.68%)	1(3.23%)
项目策划与管理能力	8(25.81%)	7(22.58%)	0(0%)	15(48.39%)	1(3.23%)	0(0%)
资源和社会调查	5(16.13%)	6(19.35%)	2(6.45%)	15(48.39%)	2(6.45%)	1(3.23%)
英语	2(6.45%)	20(64.52%)		0(0%)	6(19.35%)	3(9.68%)
科学研究能力	9(29.03%)	14(45.16%)	0(0%)	3(9.68%)	3(9.68%)	2(6.45%)
沟通协调能力	8(25.81%)	13(41.94%)	0(0%)	10(32.26%)	0(0%)	0(0%)

城乡规划作为专业性、职业性较强的专业,应更加突出技术应用型人才的培养,在众多专业技术能力中,问卷结果显示,能够胜任规划设计师所需的知识和能力结构中,非常重要的主要有规划方案制订能力、规划文本撰写能力、绘图能力和 GIS、RS、GPS 等软件应用能力。这些专业能力的培养主要来自相关企业实习、参与各类技能大赛以及自主学习。

(4)行业企业-高校协同合作育人。通过向往届毕业生发放问卷得出表 2-7 所示调查数据。

表 2-7 问卷调研行业企业-高校协同合作育人

序号	项目		人数	百分比
1	您是否认为"校院合作产学研结合人才培养模式"是实现城乡规划专业人才培养的最佳模式	是	26	83.87%
		不是	1	3.23%
		不太确定	4	12.9%
2	贵单位是否愿意与高校联合共建城乡规划教学基地	愿意	11	35.48%
		可能会	18	58.06%
		不愿意	2	6.45%
3	贵单位是否接受高校城乡规划专业学生实习	接受,并择优录用	25	80.65%
		接受,但不会安排就业	5	16.13%
		不接受	1	3.23%
4	为积极推进产学研人才培养模式,贵单位认为	应建立长效合作机制	27	87.1%
		构建常态化的沟通交流平台	24	77.42%
		有效的物质激励机制	14	45.16%
		政策的落地	13	41.94%
		其他	0	0%

为加强实践教育教学,提升学生实践能力,在行业企业-高校协同合作育人方面,问卷结果显示,"校院合作产学研结合人才培养模式"是实现城乡规划专业人才培养的最佳模式,大部分实践单位有意愿与高校共建城乡规划教学基地,并且愿意接收专业毕业生实习,并择优录用。

为积极推进产学研人才培养模式,实践单位与高校应建立长效合作机制,构建常态化的沟通交流平台,同时要对实践教学提供有效的物质激励机制。

(二)设计院调研主要启示

2019 年 10 月,笔者先后前往河南省城乡规划设计研究院、河南省豫建设计研究院、郑州大学综合设计研究院等实地调研和访谈。得到的主要结论和启示有:

1.城乡规划专业人员需求状况

现今城乡规划人才目前能够满足公司正常的运营及发展。但随着国土空间规划的自上而下的不断深入开展以及乡村振兴规划的提出,城乡规划人才的需求度会逐步提高。主要制约因素为国家政策的制定以及规划方向的明确。

2.新入职专业人员存在问题及建议

(1)问题:应聘者(大学毕业生)基础知识不扎实,容易眼高手低,放不下姿态;毕业生对自身综合素质和能力缺乏准确的认知,职业生涯规划意识不强,对行业、岗位所需的专业能力和素质需求了解不足;在择业时重点考虑工作地点、薪资待遇、工作稳定等因素,将眼光放在大单位,增加就业工作的难度。

可以满足岗位的基本要求,能够操作规划基本软件。不少新入职员工没有踏实工作的态度,不能主动地提出自己的问题;当前年轻规划师略显浮躁,不能静下心来做事情;也存在一定的工作热情度不足,责任心不够的问题。

(2)建议:加强专业课程学习,熟练基础软件的运用;学校应高度重视职业指导和创新创业教育的作用,构建全程化、系统化的职业指导课程体系,充分发挥学生在职业指导中的重要作用,注重精细化的职业指导;学生自己能够积极树立职业生涯规划的意识,并积极参与学校的职业生涯规划课程和实习实践活动,实现正确的自我认知和准确的职业定位,做出科学合理的职业生涯规划。

3.对高校城乡规划专业学生培养的启示

(1)加强德育教育。需要重视并发展德育的政治功能,加强以人为本的德育观,保证人才培养的正确政治方向,促进学生全面发展。

(2)提高战略思维。城乡规划主要研究城乡关系的互相联系,互相影响,互相转化的对立统一关系。规划师对于优化城乡大系统,其实是对城市建设做出战略规划,以满足人口和非农产业的城市化需要,促进城市与城市间的平衡发展,优化城市子系统,充分发挥城市功能,让城乡居民共享城市文明,以求得城乡大系统的最大利益。

(3)加强实践实训。城乡规划实操性很强,专业技能要求高,在实际项目中运用程度高。学校务必把实践教学研究作为教学研究的重要组成部分,改进实践教学方法,创新实践教学模式,提升实践教学质量。

(4)拓宽专业视野。对城市规划工作者而言,应当主动学习土地利用规划中行之有效的管控手段,深入了解土地调查、用途管制、计划管理、土地供应和权籍管理等政策知识,要加强跨学科、跨专业的学习和知识储备。

(三)调研整体结论

1.城乡规划人才就业及市场需求状况

城乡规划专业就业态势良好。在就业单位规模以上具有甲级规划资质单位占多数。同时,规划单位对本专业人才学历的最低要求以大学本科为主,但单位内规划骨干硕士研究生更有优势,故我院在人才培养时可大力引导学生继续深造。

目前来看社会上对城乡规划人才具有一定的需求量,随着国土空间规划自上而下的不断深入开展以及乡村振兴规划的提出,城乡规划人才的需求度会逐步提高。且用人单位希望引进的是硕士研究生以上学历的规划人才。同时调查数据还表明,用人单位在引进人才时比较注重的是专业技能、专业基础知识、组织沟通能力和社会实践能力,而这些直接对应本校城乡规划专业培养方案上对应用型规划人才的要求。

2.城乡规划专业人才培养方向

城乡规划作为专业性、职业性较强的专业,应更加突出技术应用型人才的培养,在众多专业技术能力中,问卷及访谈结果显示,能够胜任规划设计师所需的知识和能力结构中,非常重要的主要有规划方案制订能力、规划文本撰写能力、绘图能力和 GIS、RS、GPS 等软件应用能力。这些专业能力的培养主要来自相关企业实习、参与各类技能大赛以及自主学习。

3.行业企业-高校协同合作育人

为加强实践教育教学,提升学生实践能力,在行业企业-高校协同合作育人方面,问卷结果显示,"校院合作产学研结合人才培养模式"是实现城乡规划专业人才培养的最佳模式,大部分实践单位有意愿与高校共建城乡规划教学基地,并且愿意接受专业毕业生实习,并择优录用。

为积极推进产学研人才培养模式,实践单位与高校应建立长效合作机制,构建常态化的沟通交流平台,同时要对实践教学提供有效的物质激励机制。

第三节　城乡规划人才培养目标和要求

一、专业培养目标

(一)专业培养目标制定

平顶山学院城乡规划专业人才培养定位于培养厚基础、跨学科、重实践的应用型专门人才。围绕着这一定位,本专业进一步确定了培养目标和专业基本要求。

本专业的培养目标是:旨在培养德智体美劳全面发展,适应城乡建设发展需要,具有综合知识背景,具备坚实的城乡规划设计基础理论知识和应用实践能力,富有社会责任感、创新思维和创业精神,具有可持续发展与文化传承理念,能够在专业规划设计编制单位、管理机关从事城乡规划设计、开发与管理等工作的高素质应用型人才。

(二)专业培养目标支撑情况

(1)平顶山学院本科教育实行以通识教育为基础,以专业教育为主干,以文科综合实训和理工基础实验为两翼的厚基础、宽口径、能力强、素质好的人才培养模式。一二年级实行通识教育和学科基础教育,三四五年级实行专业教育。通识教育课程平台主要包括思想政治理论课程、专项教育课程和素质教育课程。其中,素质教育课程划分为基本素质和能力、创新创业能力、规划技术能力、规划认知能力和规划设计能力五个模块,学生选修课程需覆盖五个模块。同时,本专业在学科教育平台中开设了经济地理学课程。这使城乡规划专业本科生在学习城乡规划基本原理的同时,又进一步跨学科选修了其他学科的课程,充分符合厚基础、跨学科的人才培养定位。

（2）本专业的培养目标中要求学生了解和掌握当代规划部门的具体业务的操作技能，成为在设计行业和房地产业胜任实际设计、管理、调研和宣传策划工作的高级专门人才，这体现出了专业人才培养的重实践的定位。在课程设置中，本专业利用平顶山学院实验管理中心，借助于该中心所提供的实验室和其他软件，为学生开设了计算机制图实验和手工制图两门专业实验课程，还适应专业的趋势，开设了统计分析软件课程。此外，在课程设置中本专业还有毕业实习和毕业论文等实践教学环节。这些做法的主要目的就是通过实验、实践教学活动，一方面增强学生的动手能力，推动其提高学习的主动性和积极性；另一方面，增强学生对未来实际工作的适应能力。这充分符合本专业重实践的培养定位。

（3）本专业的培养目标"适应城乡建设发展需要，具有综合知识背景，具备坚实的城乡规划设计基础理论知识和应用实践能力"的要求，充分体现了培养具有应用型的人才培养定位。在实际课程的设置中，本专业适应时代要求，在开设规划设计课程的基础上，还开设了国土空间规划课程，在培养学生专业能力尤其是空间能力的同时，还进一步讲授了基本理论和知识以及国内外规划领域最新的理论发展动态和前沿问题，培养学生逐步形成国际化视野，符合专业培养定位的要求。

二、专业培养要求

（一）专业培养要求制定

基于人才培养定位和培养目标，平顶山学院城乡规划专业确定学生培养要求是：

1）具有社会主义核心价值观，具备良好的思想品质、道德修养和法制观念；具有健康的身心素质和人际交往意识；具有较好的计算机操作和外语综合运用能力。

2）具有较好的数学意识、数理统计计算和数学建模能力；具有自然、人文社会和艺术通识认知能力；掌握城乡规划相关基础理论知识和方法，具备城乡规划基本认知能力和专业探索精神。

3）具备运用多种技术工具从地图测绘、规划调研、空间信息处理和分析到规划设计方案综合表达和表现的基本能力。

4）掌握建筑设计、国土空间总体规划、详细规划与城市设计、专项规划、乡村规划与设计、旅游规划等基本理论和方法，具备从事城乡规划与设计的基本能力。

5）具有很好的行业认知基础和创新创业意识，具有社会责任感，能够在专业实践中理解并遵守职业道德和规范，履行责任。

6）能够在多学科背景下的团队中承担个体、团队成员以及负责人的角色。

7）就专业实际问题能够与业界同行及社会公众进行有效沟通和交流，包括撰写报告和设计文稿、陈述语言、清晰表达或回应指令。

8）具有自主学习和终身学习的意识，有获得信息、拓展知识领域，不断学习和适应发展的能力。能够及时学习城乡发展政策，了解城乡规划最新理论、技术及前沿动态。

（二）专业培养要求支撑情况

（1）本专业在通识教育课程平台中，开设了马克思主义基本理论、毛泽东思想和中国特色社会主义理论体系概论等课程,在学科教育课程平台中开设了中外城市建设史、城市规划原理、国土空间总体规划、乡村规划与设计、城市道路与交通规划、城市基础设施规划等基础课程,使学生能够掌握基本理论和方法,掌握城乡规划理论和方法符合人才培养定位要求。

(2)在通识教育课程平台中开设了外语、大学计算机等专项教育课程,在通识教育的素质教育课程中,要求学生在社会科学、人文学科、公共艺术、自然科学、应用技术等模块中选修课程。这些课程充分体现了"能够熟练地掌握一门外语,具有听、说、读、写、译的基本能力,能利用计算机从事本专业具体工作"的人才培养要求,也符合人才培养定位中的要求。

(3)本专业在学科教育课程平台中开设了自然科学概论、文献检索与科技论文写作、统计学基础、中国传统文化、管理学基础、经济学基础、摄影基础与作品赏析、美术鉴赏、中外名园赏析等有关课程,在专业教育课程平台中,开设了中外建筑史、中外城市建设史、素描、乡村规划与设计、控制性详细规划等课程,这符合人才培养定位中"厚基础、跨学科"的要求。

(4)本专业在专业主干课和主要专业课中分别开设了设计初步、专业美术、建筑设计(一)、建筑设计(二)、居住区详细规划、乡村规划与设计、控制性详细规划、城市道路与交通规划、国土空间总体规划、景观规划与设计、城市设计、旅游规划与开发等课程,通过这些课程的讲授和学习,可以使学生能够符合"具备坚实的城乡规划设计基础理论知识和应用实践能力"的人才培养要求,总体上也符合"厚基础、跨学科、重实践"的人才培养定位。

三、毕业生知识、能力和素质对培养目标的支撑情况

平顶山学院城乡规划专业在人才培养过程中十分重视对学生的知识结构、能力结构和素质结构等方面的综合培养。

在知识结构方面,本专业除了开设与城乡规划专业知识相关的课程(专业主干课程和主要专业课程)外,还设立以各模块为主要形式的课群,如课程设置划分为通识选修、创新创业能力、规划设计类、暑假实践课程和学分银行置换。总之,各个平台课程的设置使本专业培养的人才具有完善的知识结构,能够较好地适应社会对金融学人才的需求,从而可以较好地支撑培养目标中有关毕业生的知识的要求。

在能力结构方面,平顶山学院城乡规划专业培养的人才应具备一定的创新能力、获取知识能力、应用知识能力。本专业每一门课程的安排都与学生的自学能力、信息获取与表达能力、分析问题能力、创造性思维能力、国际化视野、理论能力以及实践能力挂钩,同时教师在教学过程中采取多种方式授课,从不同角度、不同层面注重培养学生各种能力的全面发展,可以较好地支撑人才培养目标的要求。

在素质结构方面,平顶山学院城乡规划专业注重学生全方位素质能力的提升,从课程的结构和设置中培养学生思想道德素质、科学文化素质、专业素质和身心素质等,较好地支撑人才培养目标的要求。

第四节 城乡规划专业课程体系

一、课程体系简介

本专业共设置课程可分为四类:通识选修课程、创新创业课程、规划设计课程、暑期实践课程。具体设置如下:

(1)通识选修课程:包括自然科学概论、文献检索与科技论文写作、统计学基础、中国传统文化、管理学基础、经济学基础、摄影基础与作品赏析、美术鉴赏、中外名园赏析共9门课程,每门课程均为2学分,共计18学分,选修10学分。

(2)创新创业课程:创新创业类课程共6门10学分,其中必修课程2门6学分(专业美术、乡村规划与设计),选修课程4门4学分[景观规划与设计、旅游规划与开发、遥感技术应用、计算机辅助设计(二)]。

(3)规划设计课程:根据课程教学需求,部分设计类课程设置了集中实践教学周(以下简称设计周),共计10门课程12个设计周,这些课程分别是建筑设计(一)、建筑设计(二)、居住区详细规划、乡村规划与设计、控制性详细规划、城市道路与交通规划、国土空间总体规划、景观规划与设计、城市设计、旅游规划与开发。

(4)暑期实践课程:暑期实践周最低修读7学分(包括大学生创新创业实践2学分、社会实践2学分),可采取学分银行置换方式。

二、课程设置对知识、能力和素质要求的支撑情况

如表2-8所示,根据OBE工程教育理念,将城乡规划专业学生应具备的能力、知识、素质划分为五大模块,17项子模块,不同课程与不同要求吻合,构成完善的教学体系,达到人才培养目标。

表 2-8　课程设置对知识能力、素养要求的支撑情况

大类模块	子模块名称	课程模块名称	知识、能力、素养要求
1 基本素质和能力	01 思想政治素养	中国近现代史纲要 思想道德修养与法律基础 马克思主义基本原理概论 毛泽东思想和中国特色社会主义理论体系概论 形势与政策 思政社会实践 军事训练 军事理论	掌握马克思主义基本理论和基本方法,掌握基本军事技能与军事理论,树立正确的世界观、人生观和价值观,具备良好的思想政治素质、道德品质和法治观念,具有较强的国防观念和国家安全意识,能够运用马克思主义基本理论和基本方法分析解决实际问题
	02 体育健康技能	大学体育(一) 大学体育(二) 公共体育俱乐部(一) 公共体育俱乐部(三) 公共体育俱乐部(四) 体质达标测试 健康跑 心理健康教育 生理健康教育	了解体育与身心健康的基本知识,掌握一至两项运动项目的锻炼技能,具备自主健身的能力,体质达标,养成体育锻炼的习惯,培养终身体育意识,身心健康

续表2-8

大类模块	子模块名称	课程模块名称	知识、能力、素养要求
1 基本素质和能力	03 外语应用能力	大学英语（一） 大学英语（二） 大学英语（三） 大学英语（四） 专业英语	能够基本满足日常生活、学习和未来工作中与自身密切相关的信息交流的需要；能够基本理解语言难度一般、涉及常见的个人和社会交流题材的口头或书面材料；能够就熟悉的主题或话题进行简单的口头和书面交流；能够借助网络资源、工具书或他人的帮助，对一般语言难度的信息进行处理和加工，理解主旨思想和重要细节，表达基本达意；能够使用有限的学习策略；在与来自不同文化的人交流时，能够观察到彼此之间的文化和价值观差异，并能根据交际需要运用有限的交际策略
	04 信息技术应用能力	大学计算机基础 程序设计基础	具有基本的计算机信息素养和计算机基本操作能力，掌握程序设计的基本知识，能够应用计算机编程技术解决实际问题，培养计算思维能力，具备学习和追踪新技术的能力
2 创新创业能力	05 创新创业及就业教育	大学生职业生涯规划 大学生创新创业基础 大学生就业发展指导 大学生创新创业实践	了解职业生涯，掌握自我探索，学会生涯管理，能够制订职业目标，规划实现目标的途径；提升创业意识，发现创业项目，制订创业计划，能够创业展示；把握就业形势，明确就业目标，掌握求职技能；通过多平台实践训练，提升创新创业及就业实际应用能力
3 规划技术能力	06 *测绘与地理信息技术	地图与测量学 测量综合实习 地理信息系统应用 遥感技术应用 GIS技术应用竞赛	掌握测量学的基本理论和方法，能完成数据的获取与分析；结合地图学知识，能进行地形图的测绘；掌握遥感影像获取原理与处理分析方法，对影像进行预处理与解译。能运用地理信息系统基本的空间分析方法，进行基本空间分析及规划专题图件的制作。具有城乡规划工作中基础数据采集、处理与分析应用的能力
	07 *手工制图技术	素描 色彩 专业美术 画法几何与阴影透视 设计初步 写生实习	了解形体、空间、结构、色彩、光影、质感等之间的相互关系，掌握正确的艺术观察方法、分析方法和表现方法，能够绘制静物素描画、静物水粉画和专业水彩画；掌握工程图纸的基本知识和专业表现画绘制技法，能够运用工程制图理论和方法绘制工程图纸，具备读图与识图的能力；掌握平面构成、色彩构成、立体构成、建筑物投影、阴影表达的基本方法，具备一定的艺术创造力、基础造型能力、空间想象力和形体表达能力
	08 *计算机制图技术	计算机辅助设计（一） 计算机辅助设计（二）	熟练掌握Autocad、天正建筑、Photoshop、湘源控规、草图大师、VR渲染、BIM等专业绘图软件的基本命令和操作方法，能够综合运用相关软件完成规划图纸表达，具备计算机辅助设计、制图能力

续表2-8

大类模块	子模块名称	课程模块名称	知识、能力、素养要求
4 规划认知能力	09 数理逻辑能力	工程应用数学 A 工程应用数学 B 工程应用数学 D 数据分析与 SPSS 应用	掌握微积分、概率论与数理统计等方面的知识,具有严密的思维能力,较强的逻辑推理能力;具有利用数学知识分析、解决实际问题的意识和能力;具有一定的建模能力,能够把工程问题转化为数学问题,建立数学模型,求解,并对结果进行解释;具有较强的计算能力,能够利用数学软件进行计算、作图和处理数据,处理实际工程中的计算问题;具备一定的数学素养和自主学习能力
	10 通识认知能力	自然科学概论 文献检索与科技论文写作 统计学基础 中国传统文化 管理学基础 经济学基础 摄影基础与作品赏析 美术鉴赏 中外名园赏析	了解自然科学、经济学、统计学、管理学、艺术鉴赏等基础知识,熟悉中外优秀文化,具有科学研究的思维,了解数据库检索和科技论文写作方法,具备良好的形态美学鉴赏能力
	11 * 专业认知能力	城乡规划专业导论 中外城市建设史 城市规划原理 城市规划管理与法规 人居环境科学 人文地理学 经济地理学 环境行为学 智慧城市 规划管理实务 城乡认知实习 城乡社会综合调研竞赛	熟悉城乡规划体系、法规及相关理论知识基础,能够综合运用专业知识解决实际问题,具有宏观系统的规划思维,较系统、全面的知识框架。对城乡空间、区域人文地理现象具备一定认知能力,具备可持续发展的人地观和区域综合思维的能力;了解人居环境中各子系统的相互依存关系,具有利用人居环境科学理论建设和改善人类理想聚居环境的意识和能力

续表2-8

大类模块	子模块名称	课程模块名称	知识、能力、素养要求
5 规划设计能力	12 *建筑设计能力	中外建筑史 建筑设计基础 建筑设计（一） 建筑设计（二） Sunrise 杯大学生建筑设计竞赛	具有古今中外建筑作品的识别能力和鉴赏能力；掌握建筑设计理论和方法，具有运用科学方法进行环境分析、设计内容分析的能力，具备不同类型的建筑方案设计的基本能力；具有正确绘制建筑平面图、立面图、剖面图和透视图的能力以及设计方案的文本分析和指标计算能力，能够将设计方案进行全面、美观的图纸表达和陈述表达；具有就专业实际问题与业界同行及社会公众进行有效沟通和交流的基本能力；能够利用所学知识综合解决今后课程、工作中所遇到的建筑类问题
	13 *国土空间总体规划	城市地理学 区域分析与规划 城市经济学 国土空间总体规划 城乡规划综合实习	了解城市经济发展规律和城市经济发展战略，建立城市与区域系统整体观念和宏观战略思维，形成综合思维能力；掌握土地利用规划、国土空间总体规划、区域规划的编制内容和程序，具备相关规划方案的设计、编制及综合表达能力、协同创新能力、沟通及团队协作能力
	14 *详细规划与城市设计	居住区详细规划 控制性详细规划 城市设计 城市设计竞赛	掌握控制性详细规划、居住区规划、城市设计相关理论知识及设计手法，以及相应规划方案编制程序与技术标准，能够综合运用相关理论知识完成规划方案设计；具备良好的沟通协调能力、专业分析能力、协同创新能力、独立方案构思设计能力、专业技术表达能力
	15 *乡村规划与设计	乡村规划与设计 传统民居与乡土建筑 乡村规划设计方案竞赛	理解乡村规划与设计的基本理论和相关知识，了解乡村规划和设计方案编制的一般技术要求与标准规范，能够运用专业知识理论分析、解决乡村实际问题的能力，能够形成对中国传统民居与乡土建筑的正确保护观念，并掌握对传统民居及乡土建筑的研究、调查及再利用等保护性做法。具备良好的沟通协调能力，专业分析能力、协同创新能力、独立方案构思设计能力、专业技术表达能力

续表2-8

大类模块	子模块名称	课程模块名称	知识、能力、素养要求
5 规划设计能力	16 *专项规划	城市基础设施规划 城市道路与交通规划 生态环境规划 城市更新与遗产保护 城市综合防灾规划 城市交通出行创新实践竞赛	掌握交通调查资料分析方法、交通规划方法,以及城市道路路线设计、交叉口设计、附属设施设计等的基本方法,城市综合交通规划、城市交通发展战略规划以及城市道路交通管理规划的基本方法;具备城市基础设施现状的调研与调研报告撰写能力、进行城市基础设施问题分析的能力、城市基础设施规划的初步能力;具备环境质量评价、环境影响评价和环境规划的基本能力;具备城市灾害与风险的调研与识别能力、进行灾害风险分析与评价的能力、城市防灾规划的初步能力;具备城市历史文化遗产发展保护的识别和分析能力
	17 *旅游规划	旅游地理学 景观规划与设计 旅游规划与开发	了解旅游活动现象和旅游热点问题,掌握旅游系统的构成及其组织规律,掌握旅游规划和景观规划的基本理论和方法,熟悉旅游规划编制规范和技术要求,具备从事旅游研究的基本能力,以及旅游规划的前瞻预测能力、综合思维能力、公正处理能力和共识构建能力,能够结合实际综合运用旅游规划理论和技术方法进行规划编制

三、主要课程对知识和能力要求的支撑情况

根据人才培养方案设定,分年级归类专业主要课程。专业主要课程主要构建学生完善的专业知识体系,培养学生三项核心专业能力:规划认知能力、规划设计能力、规划技术能力。专业课程对知识、能力要求的支撑情况见图2-1。

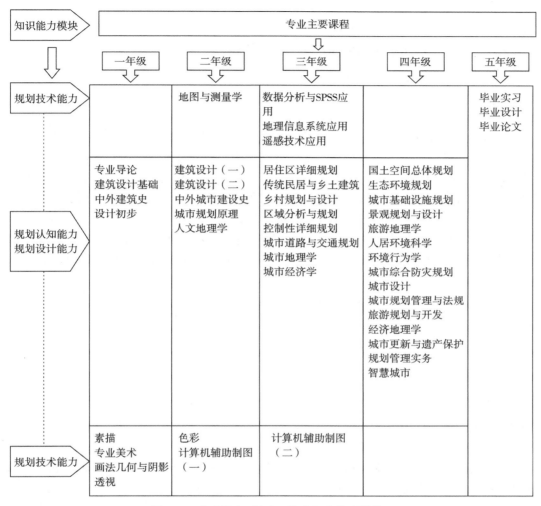

图2-1 专业课程对知识、能力要求的支撑情况

复习思考题

1. 思考城乡规划专业培养什么样的人。

2. 思考城乡规划专业的同学毕业时要具备哪些能力。

3. 说一说对城乡规划专业课程体系的理解。

第三章　城乡规划专业技能

应用性是城乡规划专业的核心特征,研究也是为了科学地指导实践。城乡规划专业的学生应具有良好的专业技能以满足实践应用要求。在低年级时,以专业启蒙与基础教育为主,同时学习专业技能相关的基础课程,有素描、色彩、专业美术、计算机辅助设计、设计初步、建筑设计基础、地理信息系统应用等课程。通过学习使学生具有运用美术等方式表达空间事物的意识和初步能力,具备运用手工技术表达和表现规划设计方案的基本能力。同时具有计算机技术辅助设计的意识和自学能力,掌握常用的计算机辅助设计软件技术,具备运用多种计算机辅助设计技术方法表达和表现规划设计方案的基本能力。

第一节　手工表达技术

一、素描

素描是绘画的一种形式,是一种朴素的描绘,是英语中 Drawing 的意译,最早是绘画前的素材或草图,在《辞海》中是这样给素描下结论的:"素描是绘画的一种,主要是以单色线条和块面来塑造物体形象的一种绘画形式。"

素描是与彩色绘画相对而言的一个名词概念。以广义的角度而言,素描在造型艺术中是一种最普通最常见的单色绘画形式,也就是说一切单色绘画我们都可以称之为素描。从字义解释看,素是素雅、素净、朴素的意思。描是描写、描画、描绘的意思。它包括铅笔画、木炭或炭笔画、水墨画、钢笔画、白描等。

素描作为表现物象的一种方式,是一切绘画的基础,是一种技能,更是思考问题的一种形式。在进行素描的学习时,主要有以下内容:取景、形体结构、明暗调子、虚实、线条等。素描主要是作为美术教学的基本功训练手段,它以锻炼整体地观察和表现对象的形体、结构、动态、空间关系(包括明暗、透视关系等)的能力为主要目的。

对素描的认识和掌握直接影响到日后设计作品的质量,我们在设计中普遍存在的两大问题就是空间感和想象力差的问题,其实这两者的根源问题都是对素描的基础训练和认识不足。掌握了素描,才能以最快的速度把自己的即时灵感,具体地表现出来;所以对于城乡规划专业没有美术基础的学生来说,打好素描基本功至关重要,不仅有了绘画基础技能,同时可以帮助你提高观察能力、形象思维能力、造型思维能力和徒手表现能力。

二、色彩

色彩是绘画的重要艺术语言,也是一种重要的表现手段和必要的条件之一。在绘画中色彩起着独特的作用。它对塑造人物、描绘景物,可以起到引人入胜、增强作品艺术效果的作用。巧妙地运用色彩,能使美术作品增加光彩,给人的印象更强烈、更深刻,塑造的艺术形象,能够更真实、更准确和更鲜明地表现生活和反映现实,因而也就更富有吸引力和艺术感染力。

美术色彩学习是提高学生艺术素养的一个有效手段。在色彩画的学习绘制中,不仅能提高学生观察和分析颜色的能力,培养对颜色的感知,还能提高对颜色的表现能力,特别是在今后快题设计和成图制作中可以更好地把控整体色调表现。

广为人知的中国画、油画、水彩画、水粉画、装饰画等绘画都是色彩画,城乡规划专业的色彩课程主要以学习水粉为主。专业美术课程中略有水彩涉及。一般在进入色彩学习以前都要求具备初步的或相当水平的素描造型能力和掌握色彩的相关基础知识。下面对色彩的基础知识与水粉画、水彩画进行简单介绍。

(一)色彩的基础知识

1.定义

色彩是绘画的重要因素之一,是各种物体不同程度地吸收和反射光量,作用于人的眼睛所显现出的一种复杂现象。由于物体质地不同,和对各种色光的吸收和反射的程度不同,使世间万物形成千变万化的色彩。自然界中的颜色可以分为无彩色和彩色两大类。无彩色指黑色、白色和各种深浅不一的灰色,而其他所有颜色均属于彩色。

2.色彩的三大要素

色相,我们最常见的色谱"虹"(如图3-1)就是把颜色按照"红、橙、黄、绿、青、蓝、紫"依次过渡渐变,色相两端分别是暖色、冷色,中间为中间色或中型色。

图3-1

3.明度

明度是指色彩的明暗、深浅程度。主要包括两层含义:第一,明度是指各种纯正的色彩相互比较产生的明暗差别。在红橙黄绿青蓝紫这七种纯正的光谱色中,黄色明度最高,显得最亮。橙绿次之,红青又次之,紫色明度最低,显得最暗。第二,某一种色彩的物体受到强弱不同的光线照射,其本身产生了明暗变化,也表现出明度的不同。比如一棵绿树,受到阳光直接照射的亮面成为较明快的浅绿,未被直接照射的阴影面成为较深暗的绿色,这两种绿色的明度就有所不同。这就是同一种色彩因受光情况不同而产生的明度上的变化。因此,也可以说当一种色彩受强光照射时,它的色彩变淡,明度提高;当一种色彩受光很少,处在阴影中的时候,它的色彩变深,明度降低。

4.饱和度

饱和度是指色彩的纯度。如果一种颜色掺杂了别的颜色,其饱和度会降低。饱和度越高,色彩越浓,越能发挥其色彩固有的特性。比如红与绿放在一起,往往有一种突出的对比效果,但是只有当红与绿都呈现饱和状态时对比才最强烈。如果两者饱和度降低,红色变成浅红或暗红,绿色变成浅绿或深绿,相互对比的效果就会减弱。

饱和度与明度不能混为一谈。明度高的色彩,饱和度不一定高。比如浅黄明度较高,但是饱和度不如纯黄色。明度降低的色彩,饱和度并不提高。比如红色加黑变成暗红,它的饱和度也会变低。在摄影中,颜色受到强光的照射,明度提高,但饱和度降低;颜色受光不足或处在阴影中,它的明度降低,饱和度也降低。

(二)水粉画

水粉画是美术基础学科中比较重要的内容之一。水粉画是使用水调和粉质颜料绘制而成的一种画。水粉画是以水作为媒介,这一点,它与水彩画是相同的。所以,水粉画也能够画出水彩画一样的酣畅淋漓的效果。但是,它没有水彩画透。它和油画也有相同点,就是它也有一定的覆盖水平。而与油画不同的是,油画是以油来做媒介,颜色的干湿几乎没有变化。而水粉画则不然,因为水粉画是以水加粉的形式来出现的,干湿变化很大。所以,它的表现力介于油画和水彩画之间。整体看水粉画颜料用水调色,操作简单,方便快捷,易学,水粉画明快、洒脱,表现力强,趣味性较高(如图 3-2)。其有如下基本特征:

图 3-2　水粉画

1. 不透明和半透明之间

水彩画的特点是颜色透明,通过深色对浅色的叠加来表现对象。而水粉画的表现特点是处在不透明和半透明之间。如果在有颜色的底子上覆盖或叠加,那么这个过程,实际上是一个加法,底层的色彩不会对表层的颜色产生很大影响,所以这就是它比水彩较容易掌握的地方。

2. 水粉色彩纯度与明度的局限性

水粉画在湿的时候，颜色的饱和度和油画一样很高，而干后，因为粉的作用及颜色失去光泽，饱和度大幅度降低，这就是它颜色纯度的局限性。水粉明度的提升是通过稀释、加粉或含粉质颜料较多的浅颜色来实现的。它的干湿变化非常之大，往往有些颜色只加少许的粉，在湿时和干时，其明度就表现出或深或浅的差别。因为水粉画干后颜色普遍变浅，所以，使用好粉是水粉画技术上最难解决的问题。而含粉的色彩又恰恰是水粉画的魅力所在，它使画面的颜色充满水粉画特有的"粉"的品质，而出现特别丰富的中间色彩。色彩可以在画面上产生艳丽、柔润、明亮、浑厚等艺术效果。

（三）水彩画

水彩画简称水彩，是用水调和透明颜料作画的一种绘画方法，起源于欧洲文艺复兴时期。其有如下基本特征：

1. 通透的视觉感觉

水彩颜料的质地细腻透明，使水彩画产生一种明澈的表面效果，从而产生了绘画的色彩，这是构成水彩画艺术特色的重要因素之一。水彩画的这种透明性与传统的中国画有几分相似，清新透明、滋润空灵的水彩画尤其与中国水墨画所表现的妩媚华滋、含蓄轻薄的艺术效果有着异曲同工之妙。

2. 绘画过程中水的流动性

水彩画是一种以水为媒介表现作画过程的艺术形式，水是水彩画区别于其他画种的特定界线，流动性是构成其与众不同的艺术美特色的重要因素之一。使用水彩笔中的水将水彩混合，渗透并涂在水彩纸上，可以生成淋漓酣畅、自然洒脱的意趣。用水调和颜料，可浓、可淡、可干、可湿。通过水与色的巧妙配合，或泼洒，或点染，或浸润，运用各种表现技法创造出千姿百态、韵味无穷的画面。

3. 覆盖性差

水彩颜色的覆盖性能较差，尤其是其亮颜色不具有覆盖性，当然在水彩颜色中也有透明颜色系和不透明颜色系（也就是粉质颜色）之分。

4. 不能反复多次描绘

水彩画要力求在一、二遍之内完成，不可反复地铺颜色、描绘及修改。如果在一个部分画上十几遍，那这部分看上去就会特别脏。水彩画不能多次描绘的特点，使它对水彩技法和熟练的准确程度要求较高，掌握起来比较困难。

5. 不易进行大面积修改

水彩画不易进行大面积的修改，如果铺颜色时不小心把颜色铺错了，比如：把亮部铺成了暗部色彩，或留白的部分画成了重颜色，那基本上没有什么补救的办法。如果进行清洁的话，效果也不会太好，最好弃之重画一张，所以在作画过程中运用颜色的准确性很重要。

基于以上特点使水彩画不同于其他画种的外表风貌和创作技法的区别。颜料的透明性使水彩画产生一种明澈的表面效果，而水的流动性会生成淋漓酣畅、自然洒脱的意趣，但因覆盖性差、水干燥得快、不能反复多次描绘等，所以水彩画更适合制作清新明快的小幅画作（如图3-3）。

图 3-3　水彩画

三、钢笔画

钢笔画是以普通钢笔或特制的金属笔灌注或蘸取墨水绘制成的画。钢笔画属于独立的画种,是一种具有独特美感且十分有趣的绘画形式,其特点是用笔果断肯定,线条刚劲流畅,黑白对比强烈,画面效果细密紧凑,对所画事物既能做精细入微的刻画,亦能进行高度的艺术概括,肖像、静物、风景等题材均可表现。而我们城乡规划专业重点学习练习多以建筑、街道、景观为主要题材。钢笔画又分为钢笔画速写、写实钢笔画、钢笔淡彩画、彩色钢笔画、设计类钢笔画等不同种类,其中钢笔画速写(如图3-4)和钢笔淡彩画(彩铅、马克笔、水彩上色)(如图3-5)在专业美术课程中也有学习。

图 3-4　钢笔画速写

图 3-5　钢笔淡彩画

　　钢笔画速写是从事城乡规划设计必需的一项专业技能。我们大家所熟知的勒·柯布西耶作为 20 世纪最有影响力的建筑大师,他是绘图方面的一个典范,用图画记录自己的灵感,用图画当思维的笔记。他喜欢简略地绘出构思和所见现象,他的很多灵感是从他那些速写本里获得的。通过速写不仅可以记录设计灵感、设计构思,用效果图表现设计的概念,也可以有效地培养徒手绘制设计方案的能力;通过对建筑与环境的快速描绘,我们可以更好地了解城市、建筑空间形态特征、设计精髓等诸多内容。

四、建筑工程制图

　　工程图是表达和交流技术思想的重要工具,也是生产实践和科学研究中的重要资料。通过建筑工程制图作业的实践,培养学生空间想象能力和构思能力,培养正确使用绘图仪器和徒手作图的能力,熟悉建筑制图国家标准的规定,掌握并应用各种图示方法来表达建筑工程和阅读建筑工程制图。

　　通过建筑工程制图的学习,培养学生具有绘制和阅读建筑工程图的基本能力,应达到下列的要求:

　　(1)正确使用制图工具和仪器,并具有较熟的制图技巧,要求做到作图准确、线型分明、字体端正、图面整洁。

　　(2)熟悉《建筑制图标准》中的基本规格和定画法,严格遵守标准中的各项规定,并能正确应用于绘制和阅读建筑工程图上。

　　(3)初步掌握建筑工程图的表达方法、图示特点、尺寸标注以及各种图例的画法,读懂一般建筑工程的建筑结构、施工图。

　　(4)进一步提高空间想象能力和构思能力,培养认真、细致、负责的工作态度。

　　从事建筑工程的技术人员,必须掌握绘制和阅读建筑工程图的能力;培养具有严谨的思维能力、精准的表达能力、敏锐的观察力。具备这种能力,对后继专业课的学习和今后从事技术工作都是必不可少的,而且是十分重要的。

五、快题设计

快题设计是指在较短时间内将设计思路和意图用徒手绘制的方式快速地表达出来,并完成一个能够反映设计思想和理念的设计成果。在快题设计(如图3-6)的学习与练习的过程中,能够提高我们的专业手绘能力、方案设计能力等,也有着重要的现实意义。

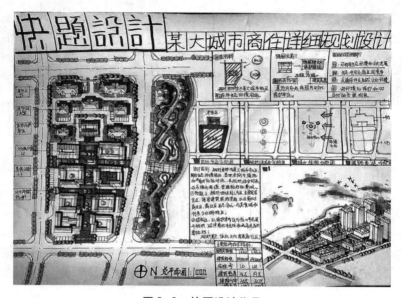

图3-6　快题设计作品

1. 快题设计作为考研、求职的重要依据

无论是在研究生招生考试,还是注册师考试、设计院入职考试中,都是以闭卷形式、在三个小时或者六个小时(其他规定时间)内完成快题设计,这是一门重要的,有时甚至是唯一的测试课目。同时也是出国留学(设计类)所需的基本技能,是考核设计工作者基本素质和能力的重要手段。

2. 计算机辅助设计时代下进行手绘快题设计训练的重要意义

随着计算机辅助设计的广泛深入应用,学生们也都越来越多地一开始就去使用计算机辅助设计,这样的操作方式在充分发挥计算机仿真直观、便于修改以及方法创新的优势的同时,也随之带来一些问题,例如使设计者容易陷入局部、陷入细节,导致设计出现某些重要方面欠缺以及进度失控等问题。

快题设计能够加强对于设计整体性的重视、帮助学生意识到设计的全局观、整体性,具有设计的流程观念,也检验自身专业基础知识与语汇的储备和运用情况。

六、手工模型制作

(一)模型的概念

模型是依据某一种形式或内在的比较联系,进行模仿性的有形制作。手工模型介于平面图纸与实际立体空间之间,它把两者有机地联系在一起,是一种三维的立体模式。是设计的一种重要表达方式,是按照一定比例缩微的形体,是以立体的形态表达特定的创意,是以真实性和整体性向人们展示一个多维的空间。

(二)模型的作用

1.完善设计构思

(1)模型制作是进一步完善和优化设计的过程,有助于设计创作的推敲,可以直观地体现设计意图,弥补图纸在表现上的局限性。

(2)通过亲身感受与参与制作,能激发设计师的灵感,发现设计思路上存在的盲点,并改进优化,帮助设计师更快地使设计方案达到理想的状态。

2.表现设计效果

(1)实体模型是向观者展示其设计特色的一种很好的方式。

(2)模型对于建成后效果的把握成为设计与业主之间进行交流的重要手段。

3.指导施工

采用实体模型的方式来展示设计的特点,以便施工单位按照设计意图进行施工。模型这种直观的表现,对于施工有良好的指导作用。

4.降低风险

(1)模型制作是设计过程中的重要环节之一,可以把设计风险降到最低,对于把握设计定位、施工生产具有实际意义。

(2)模型制作可以有效地缓解设计与使用之间的矛盾。

(三)模型的分类

建筑手工模型总体来说可以分为两类:概念模型(如图 3-7)和展示模型(如图3-8)。

概念模型,也可以叫作体量模型、工作模型,是初期进行建筑空间探索的一种有效方法。概念模型从体量、整体空间入手,材料可以是随手而来的边角料废弃物,讲求快速,不讲精致,不求效果,形式多样。这也是众多设计师应该掌握的初步的空间推敲方式。

无论是研究前人的经典作品,还是推敲自己未成熟的方案,制作概念模型都是帮助理解空间的很重要的一环。

展示模型,顾名思义就是用来展示的模型,一般是方案定型之后的后期用于方案汇报或者展览。展示模型制作耗时耗力,注重的已经不是空间的推敲而是整体的表现,包括外部立面材质,整体空间效果反映,与外部场地结合关系甚至模型表现手段等。

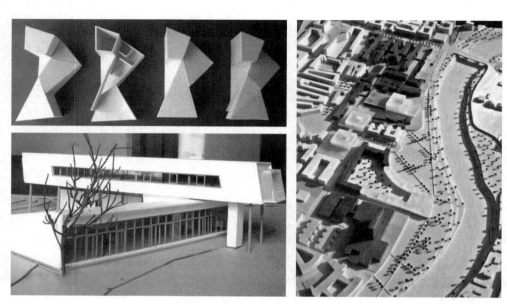

图 3-7　概念模型

图 3-8　展示模型

　　因此,城乡规划专业学生用得更多,也更实在的是概念模型,从总体尺度上去把握建筑布局,从整体角度去探讨尺度空间。

第二节　计算机制图技术

　　现如今是科学技术飞速发展的阶段,计算机技术被广泛地应用到了社会的各个方面,城乡规划也离不开计算机技术的运用,计算机技术对城乡规划提供了重要的辅助作用,也对城乡的建设有很大的促进作用。目前,在建筑、规划设计行业中经常使用的软件有Auto CAD、建筑天正、湘源控规、Sketch Up(建筑草图设计大师)、ArcGIS、Photoshop、3D Max 以及渲染软件 Vray 和 Lumion 等。在国内高等院校的城乡规划专业本科生培养计划中,计算机制图的学习已经成为不可或缺的课程,运用计算机制图也是从事规划设计工作的必备技能。

　　本章主要对在建筑规划设计中使用广泛的 Auto CAD(以及二次开发软件建筑天正、湘源控规)、Sketch Up(建筑草图设计大师)及渲染软件 Lumion 软件进行简单的介绍。ArcGIS 软件将在第八章进行详细介绍。

一、Auto CAD 软件

　　计算机辅助设计(Computer aided design)是利用计算机硬软件系统辅助人们对产品或工程进行总体设计、绘图、分析、管理等活动的总称,是一项综合性技术。随着计算机软件和硬件行业的快速发展,计算机技术在工程设计制图中的使用日益广泛,已取得人工设计所无法比拟的巨大效益,在城市规划设计这一领域,计算机技术的应用也日益受到重视,在众多 CAD 软件产品中, AutoCAD 以其精确性、高效率以及易修改性成为目前最为流行、应用最广泛的 CAD 软件。

　　AutoCAD 是美国 Autodesk 公司推出的通用计算机辅助绘图和设计软件,它功能强大、操作简单、易于掌握,在园林、机械、建筑、电子、航天、服装等领域中得到了广泛的应用。AutoCAD 在工程界应用非常普及,不仅是应用平台,而且也是个软件开发平台。它具有直观的用户界面、下拉式菜单、易于使用的对话框和定制工具条,有完善的图绘制功能、强大的编辑功能及三维造型功能,并支持网络和外部引用等。在城市规划设计中,AutoCAD 作为辅助设计工具已经成为城市规划设计师的常用软件。

　　由于 CAD 在全世界的广泛应用和普及,我们国家也开始在国外 CAD 平台的技术基础上进行二次开发,生产出更加符合我们国内不同企业、不同专业使用的 CAD 产品,与我们密切相关的有北京天正集团开发的天正建筑(如图 3-9)和长沙市城乡规划局所开发的湘源控规(如图 3-10)。这两个软件在规划设计绘图中,大大减少了工作量,提高了工作效率。

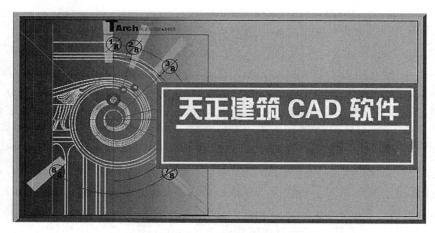

图 3-9 天正建筑

图 3-10 湘源控规

天正建筑自研发以来就广受建筑行业关注,其基于 AutoCAD 平台并根据建筑工程制图的需求,将基本建筑构件及标注等内容参数化并可重复插入,极大地节省了人工,提高了建筑工程制图效率。

湘源控规是一套基于 AutoCAD 平台开发的侧重于规划设计的辅助软件。其主要功能模块涉及范围较广,该软件着重于三个方面:第一,场地的分析(地形分析、高程分析、坡度分析、三维渲染、日照分析、雨水量分析)。第二,规范性制图(道路、用地、控规图则、管线绘制、图纸设计是否符合规范的提示等)。第三,技术性数据生成(土方计算、一次性标注、控制指标计算、绿化带插入、土方量等数据表格自动生成等),为 AutoCAD 提供了良好的绘制精度及效率。在全国的规划设计和管理单位的使用率已达到80%。

二、SketchUp(草图大师)

SketchUp 是一款由谷歌公司开发的 3D 设计软件,与其他的设计相关软件(3DS MAX、AUTO CAD)相比,其具有简洁的使用界面,便捷的快捷键,上手速度快,插件多、功能强大、用途广泛等优点。官方网站将它比作电子设计中的"铅笔"。用户可以用 SketchUp 进行建筑规划的构思、建筑规划模型的建模、效果图及分析图的绘制。SketchUp 是一套直接面向设计方案创作过程的设计软件,可以在建筑的创作过程中充分表达设计者的思想,从而使得设计师可以直接在电脑上进行直观的构思,并且能够很好地满足方案交流与探讨的需要,故名"草图大师"。它也是三维建筑设计方案创作的优秀工具。主要有以下三种功能:

1. 针对设计创作过程

常用的计算机辅助设计软件往往只适用于设计的某个阶段,如二维平面图用 CAD,建筑物模型用 3DS MAX,后期处理用 Photoshop。在 Sketchup 中设计师可以从简单的体块进行空间的推敲,通过比较方案与基地等因素得出科学合理的方案发展方向。

2. 三维化的设计平台

设计是一种三维的空间艺术,因此 SketchUp 搭建的三维设计环境正是设计师的首选,从设计之初就在三维的空间里推演方案的生成,便于设计师与甲方在设计过程的任何阶段进行沟通。

3. 强大的建模技术

SketchUp 建模的核心是由边线构成的面,任何的边线只要围合成闭合形状就可以生成面域,它常用的建模内容包括几何体创建、放样造型、曲面建模等。在方案设计的初始阶段,SketchUp 软件的形体绘制和编辑功能具有很好的随机适应性。

虽然 SketchUp 自身缺陷也较多,如曲面建模功能低下等。但 SketchUp 凭借其简洁的操作界面、强大兼容性和互动性深受设计者的喜爱。掌握 SketchUp 的各种操作技巧,可以极大地提高工作的效率和质量。随着其软件的不断更新,SketchUp 不仅局限于"草图大师",它将在建筑规划设计领域得到更加广泛的应用。

三、Lumion 软件

Lumion 是 2010 年由荷兰 Act‐3D 公司开发的一款实时的 3D 可视化工具软件。Lumion 是在即时 3D 技术的基础上,配合二维软件创建的模型,成为当今建筑、景观及城市规划设计的最佳动画和效果图表现平台。它拥有庞大的模型库和场景库,可提供建筑、汽车、人物、动物、街道、街景、地表、石头等大量模型,且可从 Google SketchUp 等其他 3D 软件导入模型。它提供强大的图像处理功能,渲染和场景创建仅仅需要几分钟时间,尚属独一无二的图像图形软件,拥有无与伦比的场地、植物模块,采用了独特的图形成像的即时渲染,中高端的硬件配置要求,以及简单方便的傻瓜式操作,是目前唯一真正的 GPU 即时渲染软件,让设计师真正地把握设计的最后效果,即使在方案研究阶段也可看到即时效果,深受广大规划、园林、建筑设计人员喜爱。主要有以下三种功能:

1. 实时的渲染场景

Lumion之所以能使电脑如此快速逼真地完成场景的虚拟（如图3-11），关键是其采用了最新的GPU渲染技术，能够实时编辑3D场景。在将SketchUp制作的模型导入后，可以进行天气、季节、时段、材质等内容的细腻模拟。

图3-11

2. 静态、动态场景的快速渲染

常规的二维软件渲染表现图时需要对渲染器进行各个参数的调整，过程相对烦琐。Lumion渲染静态图时只需要对光线和画面效果进行设置，就可以快速出图。

3. 便捷的剪辑制作

3Dmax等三维软件渲染出方案展示动画后，需要借助于After Effects等软件进行片头片尾、音效等内容的剪辑。Lumion本身包含了视频剪辑制作功能，可以根据需要进行剪辑。

虽然Lumion软件在前期建模方面存在瑕疵，但可与其他建模软件如SketchUp结合起来应用，并不影响Lumion软件使用者的兴趣。由于其素材丰富、功能简单容易操作、制图效果好等，将会在建筑规划设计领域得到更广泛的应用。

第三节　城乡规划社会调研方法

城市是一个极为复杂且处于动态变化之中的巨系统，城市社会现象也呈现出高度的偶然性、复杂多变性和不确定性。因此，城乡规划工作要求"科学的规划方法"，首要的一点便是科学的"调查研究方法"。掌握社会调查研究的基本方法，提高学生的社会调查能力，合理地运用该方法对社会热点问题进行研究。

一、城乡规划社会调研概念

城乡规划社会调研是指有目的有意识地对城乡生活中的各种城乡社会要素、社会现象和社会问题，进行考察、了解、分析和研究，以认识城乡社会系统、城乡社会现象和城乡社会问题的本质以及发展规律。

城乡规划的核心是"空间"，所以城乡规划调研报告的核心应当是围绕空间问题，运用社会学、经济学、环境心理学等方法和角度来分析。比如：功能布局和租金的关系；交通组织与土地利用；空间使用与社会心理的关系。观察并分析某一社会群体对某一空间（如场所、设施等）是如何使用的，存在哪些问题，对规划有何启示，所以说城乡规划不是规划师在房间里面"空想"出来的，是从社会中来，到社会中去。

二、城乡规划社会调研目的

（1）通过城乡规划社会调查，可以培养城乡规划专业学生联系实际、关注社会问题的学术态度,以及发现问题、分析问题、解决问题的研究能力。

（2）通过城乡规划社会调查,可以增强学生将专业知识与经济发展、社会进步、法律法规、社会管理、公众参与等多方面结合的意识及综合运用能力。

三、城乡规划社会选题要点

（1）以小见大,选题范围应尽可能小并且具体化,切忌选择一些大而空泛的问题。

（2）敏锐地把握和关注社会问题,内容一定要有可深入研究性,能够做出自己的成果。

（3）深入细致观察生活（角色代入）,把自己想象成一住户、一个游客、一个身体不好的老人、一名家庭主妇、一个上学的孩子、一收入不错的单身白领、一个结婚且有孩子的家长等,你是怎样理解并使用空间的? 然后再回到"规划师"的角色中来,如何改进这些问题?

四、调查对象的选择

（1）调查锁定目标的单一要素深入研究——比如研究广场人流的活动模式;或多个要素的关联性分析——比如广场的活动类型和广场的形态布局、绿化种植、地形变化、节日组织是如何相互影响的。

（2）不同调查目标的同类要素比较——要注意比较的基础是基于相似的背景。

五、规划社会调研的方法

1. 查阅文献法

查阅文献法是根据一定的研究目的或课题,通过调查文献来获得资料,从而全面地、正确地了解掌握所要研究问题的一种社会调查方法。我们主要看前人对自己所调研的对象是怎么看待的,给予怎样的解释,其他城市或者乡镇是如何处理这些问题的,以前的规划是怎样处理这些问题的。

文献有广义和狭义之分。狭义的文献是指用文字和数字记载的资料;广义的文献是指一切文字和非文字资料,包括照片、录音等。

2. 现场勘察法

现场勘察法是指观察者带有明确的目的,用自己的感觉器官及其辅助工具直接地、有针对性地收集资料的调查研究方法。在进行现场勘察的过程中,注意要在不同时间段、多频次地去观察记录,保证现场勘察所得数据内容的全面。

3. 问卷调查法

问卷调查法是国内外社会调查中较为广泛使用的一种方法。美国社会学家艾尔·巴比称"问卷是社会调查的支柱"。问卷是指为统计和调查所用的、以设问的方式表述问题的表格。问卷法就是研究者用这种控制式的测量对所研究的问题进行度量,从而搜集到可靠的资料的一种方法。

问卷法大多用邮寄、个别分送或集体分发等多种方式发送问卷。由调查者按照表格所问来填写答案。一般来讲,问卷较之访谈表要更详细、完整和易于控制。问卷法的主要优点在于标准化和成本低。因为问卷法是以设计好的问卷工具进行调查,问卷的设计要求规范化并可计量。

在设计问卷时,应包含以下的内容:①进行调查的目的;②答题说明;③受访者背景资料;④问题和选项;⑤致谢。

4.访谈法

访谈法是运用有目的的、有计划的、有方向的口头交谈方式向被调查者了解社会事实的方法。问卷是标准式的问题,而访谈能够获得扩散式思维,可以就相关问题深入了解,获取更多的信息。

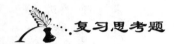复习思考题

1.色彩的三大要素分别是什么?

2.规划社会调研的方法有哪些?

第四章　城乡规划与建筑设计

建筑学，从广义上来说，是研究建筑及其环境的学科。建筑学是一门横跨工程技术和人文艺术的学科，所涉及的建筑艺术和建筑技术以及作为实用艺术的建筑艺术所包括的美学的一面和实用的一面。建筑学具有多重性，与人的行为、心理、工程、科学、社会学行业、艺术与美学都有一定关联。学好建筑最重要的是要认识建筑学本身所具有的内在意义。

第一节　建筑学基本认知

一、建筑是什么

衣、食、住、行是人类日常生活中的四大问题，方方面面的活动都离不开房屋，建造房屋是人类最早产生的活动之一。

（一）广义的建筑

"建筑"一词在汉语中有多种含义，作为名词可以广泛用来指建筑物或其他具体构筑物，也可以指建筑物或其他具体构筑物的设计风格与建造方式；作为动词，它可以指代建筑师在设计与建造建筑物方面提供专业的设计活动以及建筑工人建造施工的过程。"建筑"涵盖的内容范围广泛，大到与城乡规划、城市设计、景观设计等息息相关，小到设计建筑室内装饰细节及家具细部等。

（二）狭义的建筑物

狭义的建筑物是指房屋，不包括构筑物。房屋是指有基础、墙、顶、门、窗，能够遮风避雨，供人在内居住、工作、学习、娱乐、储藏物品或进行其他活动的空间场所。

（三）建筑的特性

1. 建筑的实用性

无论是原始的穴居还是今天的高楼大厦，无论是简单朴素的民宅还是精雕细琢的城市地标，建筑存在的最基本目的始终是为人们提供遮风挡雨的栖居之所，所以它首先是一个实用的对象，应该为使用者提供所需要的使用功能。随着社会不停地推进和发展，人的需求在日益增多，随之而来就是出现了种类万千的建筑物。

2. 建筑的空间性

老子在道德经中说道："三十辐共一毂，当其无，有车之用。凿户牖以为室，当其无，有室之用。故有之以为利，无之以为用。"意思是说，三十根辐条汇集于车毂而造车，有了其中的虚空,才发挥了车的作用;揉和陶土做成器皿,有了器具中空的地方,才有器皿的作用;开凿门窗建造房屋,有了门窗四壁内的空虚部分,才有房屋的作用。所以,"有"给人便利,"无"发挥了它的作用。这个"空虚"部分其实就是空间,它发挥了建筑真正的作用。所以说建筑的营造可以看成是在创造承载人们活动的空间。

3. 建筑的时间性

建筑除了具有空间特性外,还具有时间性。这里首先提及的是建筑的第四个维度——时间维度。对于一个建筑物而言,它拔地而起所经历的建造过程中体现了时间对于建筑的影响;另外,建筑的空间随着时间的变化,记录了日月星辰斗转星移的光影明暗变化、春夏秋冬花开花落的景色变化、四季更迭风霜雨雪的气候温度变化等,这些在时间维度上的变化增加了一个建筑空间的丰富性;最后,人们在建筑中游走也体现出建筑的时间性,沿着使用者运动的轨迹在每个转角步移景异,从而使建筑四个维度的时空感得以体现。

4. 建筑的地域性

地球上不同的地域有着不同的气候、地貌、地形、生态及资源,炎热地区的建筑需要遮阳避暑,寒冷地区的建筑需要保温防寒,潮湿地区的建筑需要耐久通风等,独特的区域自然因素主导着建筑形态的不尽相同。

就以我国为例,疆域辽阔,自北向南形成了形态各异的民居建筑类型。中国北方以及西部山区,冬季寒冷漫长,为了充分吸收太阳的辐射热,民居的正房多采用面南的朝向,在合院式的民居中尽量扩大横向间距,缩短室内进深;与北方不同,中国南方的民居以遮阳、隔热以及通风为主要的功能要求,皖南地区的合院房屋之间仅留狭小的露天空间,称为"天井"(图4-1)。

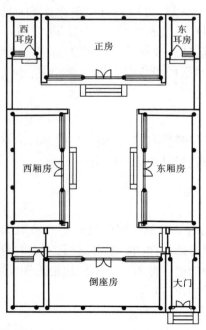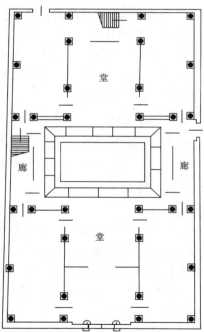

图4-1　北京四合院(左图)与皖南民居(右图)平面图对比

5. 建筑的社会性

社会生产方式的变化使建筑不断地发展,历史上的代表性建筑物,比如金字塔群(图4-2)、巴黎圣母院(图4-3)、北京故宫(图4-4)无不生动地反映着当时的社会阶级关系。在阶级社会中,统治阶级的思想意识总是居于主导地位,建筑也必然会受到这种思想意识的影响。

图4-2　埃及吉萨金字塔群
(以其庞大无比的简单几何形象作为奴隶主绝对权力的象征,深刻反映了奴隶社会的生产关系)

图4-3　法国巴黎圣母院
(中世纪的教堂是当时居民的生活中心,教堂的材料和建造技术说明当时社会生产力的发展)

图4-4　中国北京故宫
(生动地反映出社会的阶级关系,同时又说明了社会生产力对建筑的限制)

6. 建筑的技术与艺术

意大利建筑师奈维(P. L. Nervi)曾说过,"建筑是一个技术与艺术的综合体"。建筑的建造和存在依赖于技术,建筑的艺术性通过技术得以体现,而更关键的是新的科学技术、建造工艺、物质生产和建筑材料为建筑提供新的物质基础以及不断发展进步的可能性。同时,建筑也讲究美,造型美、构图美、结构美、材料美、颜色美……德国哲学家黑格尔的《美学》第三卷介绍了各门艺术的体系,首先论述的是建筑,"在各门艺术的体系中首先挑出建筑来讨论,不仅因为建筑按照它的概念本质理应首先讨论,而且也因为就存在或者出现的次第来说,建筑也是一门最早的艺术"。通过不同时期能工巧匠对建筑形体、构件、色彩、饰物、雕塑、壁画等的精雕细琢与设计,建筑呈现出美学法则并不断发展创新饱含独特的艺术语汇,具有审美价值和艺术价值。

纵观历史长河中"沉淀"下来的作品,都是技术与艺术的高度融合。建筑既满足人们的物质需要,又满足人们的精神需要;它既是一种技术产品,又是一种艺术创作。

二、建筑学专业发展历程

建筑作为人类的栖息之所,从远古至今已流传数千年,早期的建造者多为能工巧匠,将建造作为一种技艺,师徒承袭,口传心授。在众多的匠人之中,出类拔萃的匠师被选出作为君王等统治阶层的御用建筑师,他们集合建造经验著书立说所形成了最初的建造技术,比如我国宋代李诫的《营造法式》、清代的《工程做法则例》,古罗马时期维特鲁威的《建筑十书》等,使得设计模式和建造技艺得以形制化,从而为建筑教育的形成打下了基础雏形。

(一)西方建筑学专业的发展

建筑学(Architecture)一词源于西方,追溯它的起源必须提到维特鲁威,他是西方建筑教育最早的奠基人,作为古罗马御用建筑师,早在公元前22年他所著的《建筑十书》成为西方古代最早的一部建筑著作。该书系统地总结了希腊和早期罗马建筑的实践经验,内容包括城市规划、建筑概论、建筑材料、神庙构造、希腊柱式的应用、公共建筑、私家建筑、地坪与饰面等,涵盖了当时建筑活动的全部内容,奠定了欧洲建筑科学的基本体系。书中还提出了建筑设计的三个主要标准,即坚固、实用与美观,对于今天的建筑设计工作还具有指导意义。

到了意大利文艺复兴时期,建筑创作繁荣,建筑思想斗争激烈,建筑理论跟着活跃起来。阿尔伯蒂的《论建筑》、帕拉迪奥的《建筑四书》、维尼奥拉的《五种柱式规范》等,这些理论著作都在维特鲁威的强烈影响下,尽管补充了古罗马帝国的和作者自己的经验,但并没有超出维特鲁威著作的体系。

法国在意大利学院派的影响下,于1648年成立皇家绘画雕塑学院,并于1671年成立皇家建筑学院,随后两校合并成为巴黎美术学院,从而诞生了建筑学科专业教育的雏形,后人称之为法国布杂学院派(Beaux-Arts)建筑教育体系。该体系将学习内容"课程化",建立了至今沿用的建筑评图形式。在专业教育中,以美术为基础,以培养具有艺术修养的建筑师为目标,延续了艺术工匠师徒制的学习制度,以及向传统学习的特色。布杂建筑教育体系开创了欧洲各国相关建筑教育的先河,并主导西方建筑教育长达3个世纪之久,受此教育影响下的作品也称为布杂学院派建筑。

1919年格罗皮乌斯(Gropius)在德国魏玛创立了公立包豪斯学校,这是世界上第一所完全为发展现代设计教育而建立的学校。包豪斯的课程进行了改良,全部都在学校里进行,并且在学科中增加了许多工程科目及设计理论课,由课程讲授与车间动手制作两线相结合进行,从而实现了建筑学从艺术门类到现代工科专业的蜕变,架构了现代建筑学专业的学习模式。

(二)中国建筑学专业的发展

中国具有悠久的建筑历史,古往今来能工巧匠建造的长城、赵州桥、应县木塔、故宫等不胜枚举,这些中国建筑在世界建筑发展史上都留下了辉煌的篇章。在建造设计过程中,战国时期就有了建筑总平面图,隋代出现了模型设计,但大都缺乏史料记载。

现今,可以考证的中国最早记录建筑的是周代《考工记》,最早的建筑设计及施工的规范书籍,是在两浙工匠喻皓的《木经》基础上,由北宋李诫编著的《营造法式》。该书是当时建筑设计与施工经验的集合与总结,涵盖释名、各作制度、功限、料例和图样五大部分主要内容,对后世产生了深远影响,是中国古代最完整的建筑技术书籍,标志着中国古代建筑已经发展到了较高阶段。到了清代,中国古建筑的样式更加规范化,雍正十二年(1734年)清工部颁布了《工程做法则例》,使中国建筑的设计及施工得以千年传承。

但在中国,建筑作为一门学科发展至今不过只有一百年的历史。清末民初是中国近代发展的转型期,也是中国建筑学专业形成的重要时期。一方面中国建筑教育吸收传统学术体系中的要素形成清末徒艺学堂教育;另一方面吸收了欧洲、日本及美国的科学知识体系,于1909年改为工业学堂,从而构建了中国近代建筑学专业的雏形。

1923年留日学生柳士英等创立了苏州工业专门学校,成为中国近代较早实践建筑教育的机构,其课程重点为中国建筑史研究,并强化了营造技术教育,增加了城市及庭院设计。该校的设立为中国高等建筑学教育奠定了基础,并作为中央大学建筑系的前身于1927年并入国立中央大学,就此成为中国高等院校中最早创立的建筑系。

1928年中国著名的建筑学家和建筑教育家梁思成归国,应东北大学之邀创办东北大学建筑系,并于1931年参加中国营造学社,整理编著了《清式营造则例》《中国建筑史》等书,从而推进了中国古建筑的研究。1946年梁思成回到清华大学创办建筑系,成为中国建筑学专业高等教育的开拓者和奠基人。

随着国立中央大学和东北大学建筑系的相继诞生,中国建筑学专业形成了南北特色,并在新中国成立后衍生出著名的"中国建筑老八校",即东南大学、华南理工大学、重庆建筑大学、清华大学、同济大学、天津大学、哈尔滨建筑大学、西安建筑科技大学。据不完全统计,截至2020年9月,我国已有三百多所高校经教育部审批开设了建筑学专业,并呈逐年增长之蓬勃态势。

三、建筑学的专业知识结构与培养模式

建筑的多种性决定了建筑学专业的学科多样性,维特鲁威曾说过,建筑学所涉及的知识极大一部分源于其他不同的学科,建筑学是将不同学科的知识集成在其自身内部。

(一)建筑学的知识结构

自然科学中,建筑学涉及力学、光学、声学、热学等物理知识和建筑材料;人文科学中,涉及社会学、心理学、历史、文学以及与艺术相关的学科等;工程学科中,主要包括结构、技术系统等,各学科对建筑起着重大作用。"百科全书式的建筑学"被视为具有包罗万象的科学多样性,因此,建筑学专业人才需要具备多个领域的知识结构。此外,由于建筑学专业是通过一定审美素养将设计绘制表达出来的,因此拥有一定的美术基础会为专业学习

带来方便。

(二)建筑学专业培养模式

目前我国授予建筑学学士学位的建筑学专业学制为五年,学制时长是根据专业学习的特点和内容来决定的,与绝大多数其他专业不同的是除了学习理论课程以外,建筑学专业的同学需要大量时间完成专业课程设计,此外还要经历种类颇多的实践实习。

以建筑设计为主要核心课程的建筑学专业,它的授课模式多为围绕设计项目展开的交流式教与学,形式较为灵活多样,因此不同于以往的中学时代常规的理论授课形式,需要学生积极主动地动手、动脑参与其中。设计课程的交流通过模型制作、草图讨论、讲解方案、互动评图、修改辅导等方式进行。

第二节　建筑设计基本认知

简单来说,建筑设计是指建筑物在建造之前,设计者按照建设任务的要求,把施工和使用过程中所存在的或可能发生的问题,事先拟定好解决这些问题的办法、方案,用图纸和文件的形式表达出来。

一、建筑设计的基本要素

针对维特鲁威在《建筑十书》中所提出的坚固、实用、美观,我们可以把建筑设计的基本要素分为功能、技术和艺术三方面。

1. 功能

人们建造建筑物总有它具体的目的和使用要求,这在建筑中叫作功能。例如:建造住宅是为了满足居住的需要;建造工厂是为了满足生产的需要;建造电影院是为了满足精神文化生活的需要等。所以,满足建筑物的功能要求,为人们的生产和生活活动创造良好的环境,是建筑设计的首要任务。但是,各类建筑的功能不是一成不变的,它会随着人类社会的发展和生活水平的不断提高也随之发生变化,提出新的内容和需求。

2. 技术

建筑功能的实施离不开建筑技术作为保证条件。获得什么形式的建筑空间,主要取决于工程结构与技术条件的发展水平,如果不具备这些条件,所需要的那种空间将无法实现。

建筑技术是建造房屋的手段,包括建筑结构、建筑材料、建筑施工和建筑设备等内容。结构和材料构成了建筑的骨架,设备是保证建筑物达到某种要求的技术条件,施工是随着生产和科学技术的发展,各种新技术、新结构、新设备的发展和新的施工工艺水平的提高,新的建筑形式不断涌现,满足了人们对不同功能的需求。

3. 艺术

建筑的艺术性主要体现在建筑内外的观感、内外的空间组织、建筑形体与立面的处理,材料、色彩和装饰的应用等诸多方面。良好的艺术性会给人以感染力,如庄严雄伟、朴素大方、简洁明快等。同时,艺术性也受社会、民族、地域等因素的影响,反映出丰富多彩的建筑风格和特色。

建筑的艺术性还应满足精神和审美方面的需求。由于人具有思维和精神活动能力,因而为人提供的建筑应考虑它对人的精神感受带来的影响。一间居室高度的设计,不仅仅要满足实际的使用高度,还要考虑人在其中的心理感受,是舒适还是压抑。

二、建筑设计的过程

建筑设计的过程可以通过四个阶段的工作来概括:搜集资料阶段、初步方案阶段、技术设计阶段和施工图阶段。

设计者在动手设计之前,首先要了解并掌握各种有关的外部条件和客观情况:自然条件,包括地形、气候、地质、自然环境等;城市规划对建筑物的要求,包括用地范围的建筑红线、建筑物高度和密度的控制等;城市的人为环境,包括交通、供水、排水、供电供燃气、通信等各种条件和情况;使用者对拟建建筑物的要求,特别是对建筑物所应具备的各项使用内容的要求;对工程经济估算依据和所能提供的资金、材料施工技术和装备等以及可能影响工程的其他客观因素,这个阶段,通常称为搜集资料阶段。

接下来,是初步方案阶段。文件主要由设计说明书和设计图纸两部分组成。设计者可以对建筑物主要内容的安排有个大概的布局设想,首先要考虑和处理建筑物与城市规划的关系,其中包括建筑物和周围环境的关系,建筑物对城市交通或城市其他功能的关系等。这个工作阶段,通常叫作初步方案阶段。通过这一阶段的工作,建筑师可以同使用者和规划部门充分交换意见最后使自己所设计的建筑物取得规划部门的同意,成为城市有机整体的组成部分。

技术设计阶段是设计过程中的一个关键性阶段,也是整个设计构思基本成型的阶段。初步设计中首先要考虑建筑物内部各种使用功能的合理布置,要根据不同的性质和用途合理安排,各得其所。与使用功能布局同时考虑的,还有不同大小、不同高低空间的合理安排问题。这不只是为了节省面积、节省体积,也为了内部空间取得良好的艺术效果。考虑艺术效果,通常不但要与使用相结合,而且还应该和结构的合理性相统一。技术设计的内容包括整个建筑物和各个局部的具体做法,各部分确切的尺寸关系,内外装修的设计,结构方案的计算和具体内容,各种构造和用途的确定,各种设备系统的设计和计算,各技术工种之间各种矛盾的合理解决,设计预算的编制等。这些工作都是在有关各技术工种共同商议之下进行的,并应相互认可。

施工图阶段主要是通过施工图和详图把设计者的意图和全部的设计结果表达出来,作为工人施工制作的依据。这个阶段是设计工作和施工工作的桥梁。施工图和详图不仅要解决各个细部的构造方式和具体做法,还要从艺术上处理细部与整体的相互关系,包括思路上、逻辑上的统一性,造型上、风格上、比例和尺度上的协调等,细部设计的水平常在很大程度上影响整个建筑的艺术水平。

三、建筑设计——初步方案设计

完整的方案设计过程按其先后顺序应包括调研分析、设计构思、方案优选、调整发展、深入细化和成果表达六个基本步骤。建筑院校的设计课程也大致遵循了这一基本过程，只是在具体的教学安排上稍有调整。比如，课程设计一般分为"一草""二草""三草"和"上板"（正式图纸表达）四个阶段。其中，一草的主要任务是"调研分析""设计构思"和"方案优选"，二草是"调整发展"，三草是"深入细化"，上板即"成果表达"。

1. 方案设计之调研分析与资料收集

调研分析作为方案设计过程的第一步，其目的是通过必要的调查、研究和资料搜集，系统掌握与设计相关的各种需求、条件、限定及其实践先例等信息资料，以便更全面地把控设计题目，确立设计依据，为下一步的设计理念和方案构思提供丰富而翔实的素材；调研分析的对象包括设计任务、环境条件、相关规范条文和实例、资料等。

2. 方案设计之设计构思与方案优选

完成第一阶段后，设计者对设计要求、环境条件以及相关实例已有了一个比较系统而全面的了解和认识，并得出了一些原则性的结论，在此基础上即可开始第二阶段的工作——确立设计理念、进行方案构思、实施多方案比较与优选。

3. 方案设计之调整发展和深入细化

方案设计是一个从宏观到微观，从简略到细致，从定性到量化的不断发展、逐步推进的过程，方案的"调整发展"和"深入细化"是这一进程中的重要阶段。"调整发展"的核心任务是"基本"落实功能、量化形态、成型体系，而"深入细化"的主要目的则是"完全"落实功能、量化形态、成型体系。无论是方案的调整与发展，还是方案的深入与细化，都应树立全局观念和综合意识，明晓"牵一发而动全身"，调一点需整全局的道理。

4. 方案设计的表达方式

建筑设计表达是建筑设计基础训练的重要内容。建筑设计表达的基本任务是将方案设计过程和设计成果按照一定规则如实而充分地"呈现"出来，以此作为内部研究及对外交流的媒介和依据。设计表达是否充分、美观、得体，不仅关系到方案的设计效果，而且会影响到方案的社会认可。建筑设计表达主要包括图形表达和语言表达两大类，其中图形表达又分为正式表达和非正式表达。

四、建筑设计学习方法

由于建筑设计涉及多学科领域的知识，又特别强调理论与实际的结合，还要求学生既要有扎实的基本功，又要有创新意识；既要有活跃的设计思维，又要有过硬的动手能力；既要有丰富的空间想象力，又要有处理实际问题的能力；既要有理工科严谨的科学态度；又要有文科的诗意与艺术激情。总之，建筑设计是一种需要学生博学多才，富于想象的创造性学习。那么，如何才能学好建筑设计呢？

1. 多动手，苦练设计内功

内功是人在社会中生存、发展、超越的潜能。而建筑设计的基本功包括表现基本功和设计基本功，这两种都体现在动手的功夫上。

2. 多动心，钻研设计方法

建筑设计具有很强的实践性，虽然说今后大家练习的设计题型不一、要求不同，但解题思路却有共性。因此，学生学习建筑设计的重要之处就在于要从不同课程设计的训练

中,去钻研方案生成的共同规律,从而理解学习正确的设计方法才是入门建筑设计的金钥匙。

3. 多动脑,激活设计思维

学生做设计时,想要实现预期的设计目标,并取得优异的设计成果依靠两条,一是思维活动,二是表达手段,此二者就构成了建筑设计的行为方式。而思维是建筑设计行为的灵魂,手段则是思维活动赖以进行的媒介。学生要在平时养成勤用脑的习惯,学会用辩证法进行思考。

4. 多生活,感悟设计真谛

学生要把"建筑是为人而不是为物"作为建筑设计的宗旨,就要了解人的行为心理。因此,学生不能把自己圈在校园内,委身于教室里,要投身到生活的海洋中,感悟为人而设计的道理和为生活而设计的奠定准则。学生在多样的生活中,只要主动投入、细心观察、切身感受,并将真知作为对课程设计的启迪。

5. 多读书、汲取设计滋养

古人云:最是书香能致远。书籍是人生道路的一盏明灯,点亮人的心灵。书籍也是学生求知的阳光和雨露,滋润着智慧的头脑。

6. 有兴趣,促设计入门

学生要想入门建筑设计的陌生领域,要先对这一领域有浓厚的兴趣。培养学习建筑设计的兴趣,最好的途径就是爱好各项适于年轻人,有益身心健康发展的高雅活动。比如旅游,带着学建筑的眼光,去饱览祖国的名川大山,各地的风土人情,闹市中的经典建筑,乡间的传统民居,欣赏美的建筑,拥抱美的风景,体会美的尺度。

第三节　建筑学科相关研究领域

一、建筑地域性的观念与实践

地域性就是对某个特定的地域,由当地的一切自然环境与社会文化因素共同构成的共同体所具有的特性。可见,影响建筑地域性的因素可以是自然因素,也可以是社会因素。其中自然因素主要包括气候、地形地貌、自然资源等方面;社会因素主要包括社会的结构形态和经济,人们的生活方式和风俗习惯,社会经济及技术水平等。不同地区,由于地域性的差异,所采用的技术措施也不尽相同,因地制宜是建筑地域性表达的主要方法,由此也就造就了丰富多彩的建筑形式。

1. 气候

气候是自然因素中不可移植的地域特征,也是最稳定长久的要素,对建筑地域性的影响最为突出。气候是指某一地区多年的天气特征,它由太阳辐射、大气环流、地面性质等相互作用而决定,主要表现为日照、降水、风、温度、湿度等参数的不同,从而形成全球各地区不同的气候特征。不同的气候特征直接影响建筑的空间形式、技术措施等方面的差异。

2. 地形

地形地貌的特征同样会对建筑形式产生影响。我国的地势西高东低,形成三个明显的阶梯,山地、丘陵和高原约占我国国土总面积的2/3。如四川山区,高高低低的山峦一个接一个,当地居民大多依山就势建造房屋。

3. 资源

材料资源是建造房屋的基本物质条件,但能被用来做建筑材料的物质很多,如各种土类、石材、木材等,所以选用何种材料,应该根据当地的资源条件。

除了自然因素,建筑的地域性还体现在社会因素方面,如社会发展的历史原因、民族风俗习惯等。地域性不仅造就了我国传统民居的多样性,也是全世界大多数建筑师进行建筑创作的根本宗旨。党的十九大将乡村振兴上升为国家战略,党的十九届五中全会通过的《中共中央关于制定国民经济和社会发展第十四个五年规划和二〇三五年远景目标的建议》明确提出实施城市更新行动。乡村振兴和城市更新是如今两大重要的发展方向,我国的建设也从增量建设转为存量提升改造和增量结构调整并重。在乡村建设和城市更新的过程中,如何运用当代建筑语言,深入挖掘不同地区的特点,适应人的现代生活方式,仍需我们进一步研究。

二、建筑遗产保护与可持续发展

《欧洲建筑遗产保护条约》(1985年)将建筑遗产定义为:

(1)古迹(Monument):所具有显著历史、考古、艺术、科学、社会或技术价值的建筑物或构筑物。

(2)建筑物群(Groups of buildings):以其显著而一致的历史、考古、艺术、科学、社会或技术价值而足以形成景观的城市或乡村建筑组群。

(3)历史场所(Site):人工和自然相结合的区域,其部分被建造,既保有独特而一致的景观,又具有显著的历史、考古、艺术、科学、社会或技术价值。

建筑遗产的保护曾经只是少数社会精英和专业人士倡导的事,现在几乎已经变成全世界各国人民关注和参与的一项工作,成为所有国家责无旁贷的义务和责任。我国建筑遗产保护工作虽然起步较晚,但整体上现已建立一套基本的历史文物保护法律的框架,法律有《中华人民共和国文物保护法》,行政法规有《历史文化名城名镇名村保护条例》,以及相关各地区各类型历史文物遗产的保护标准。目前,建筑遗产保护的实践工作多集中在保护和改造上。

保护工程,简单地说就是为了保护建筑遗产所进行的工程。典型的案例有北京故宫太和殿保护工程、清华大学工字厅保护工程、贵州安顺市鲍家屯水碾房保护工程等。

再利用工程,侧重活化,就是将闲置或废弃的建筑遗产,在保护的基础上延续原有功能和置换新的功能,使其焕发新的生命力。典型的案例有上海和平饭店北楼再利用工程、上海同济大学大礼堂改造工程等。

三、绿色建筑设计

在经济和科技水平迅速发展的今天,建筑行业也迎来了设计与建造方面的改革,出现了欣欣向荣的景象,但是不可忽略的是建筑的建造活动相比以往传统的建造方式对环境的影响加大了很多,所以如何在建筑设计过程中加入绿色建筑设计理念,成了现在社会普遍关注的问题。因为伴随着人们生活物质水平的提高,对生活质量的要求也有了新的标准,人们越来越关注周边环境的综合质量问题。随着对环境的认知不断加深,人们也逐渐意识到环境对于身心健康的影响,因而在日常工作和生活中也变得格外重视了,绿色建筑设计也顺应时代流应运而生。人们对于建筑的要求正在从满足最基本的遮风挡雨向房间整体空气质量、美观程度以及舒适度发展转化。因此,绿色建筑是当今社会追求可持续发展理念在建筑设计中的一种转化,在建筑设计中引入绿色建筑观念和技法可以在建筑行业的发展中以及城市化的进程中发挥积极的作用。如今社会所提倡的绿色建筑并不是简简单单地纸上谈兵,它要求前期要有科学合理的绿色规划设计,实施阶段要有绿色可操作性,在使用阶段还要具有绿色可持续性。

目前我国多数院校建筑学教育都有专门的绿色建筑设计方向,为推动我国绿色建筑发展做出杰出贡献。我国绿色建筑的前期研究热点方向为绿色建筑设计与施工、生态建筑、评价体系等方面,研究的核心问题集中于对既有建筑的节能改造、绿色建筑的增量成本模型,随着智能科技的发展,更多的学者开始将建筑信息模型与绿色建筑结合起来进行研究分析。绿色建筑与环境学、社会学的交叉融合是未来的研究方向之一。

第四节　建筑设计与城乡规划关系

建筑是城市的重要组成部分,而建筑设计知识与能力是城乡规划专业知识和能力体现的重要内容。建筑设计是微观的,它的研究对象是建筑,城乡规划是建筑设计的前提与先导,而建筑设计则是城乡规划在空间上的具体落实。

《全国高等学校城市规划专业本科(五年制)教育评估标准(试行)》中明确提出"有能力在城市规划及城市设计中应用建筑设计基本原理,能协调建筑单体、群体城市整体环境的关系"。在中国的高校中,大多数院校城乡规划专业低年级开设有建筑设计基础、建筑设计等相关建筑学专业课,培养学生的功能组织能力和空间形体设计能力。所以说建筑设计与城乡规划之间存在着相互影响与联系。

一、建筑设计应当考虑到城乡规划的目标与要求

建筑工程项目的设计方案,应当与城乡规划方案保持一致、内容契合:一个个建筑工程项目的设计构成了城乡规划总体效果,对城乡规划与发展具有重要意义;建筑的工程项目需要对标城乡规划完成,与城乡环境总体规划密切相关。建筑设计需要分析建筑用地周边环境与城市总体环境,从环境保护、生态和谐、经济发展、文化进步等角度,思考建筑设计的最佳方案。

二、建筑设计应与场地设计相协调

对于建筑设计而言,它不单单是建筑物整体设计,通常还涉及场地设计,要求建筑设

计和场地设计保持协调。从内容上讲,场地设计是除单体设计以外的全部设计活动,包含交通、绿化、工程设施等内容。

三、建筑设计应服从城乡规划

美国城市规划师伊·沙里宁曾经说过:"通常做设计是要把它置于一栋房子中;将一栋房子置于四周的环境中;将四周的环境置于一个城市规划中。"建筑师在设计单体或群体建筑时,必须考虑建筑的大环境和开发地盘红线内的小环境问题。

建筑工程项目是城乡发展的基础,建筑工程项目设计过程中需要结合城乡规划的方案来进行,建筑设计应当参考城乡规划的总体环境。一是根据城乡规划的方案,将建筑工程项目放置于城乡大环境当中,确保建筑工程与城乡规划的协调统一;建筑工程项目的色彩设计与外观设计应当符合城乡规划的风格,与其他规划区域相互融合、相互衬托,既要满足人们的感官审美要求,也要有利于城市整体空间的打造与完成。二是建筑设计的造型应当风格独特,同时具备一定整体性,简单中不失复杂,不变中寻求变化。三是建筑设计应当弘扬、传承城乡文化,将城乡历史、文化特色使用抽象的艺术设计手法融入建筑设计之中,从人们的视角进行思考与设计规划,呈现出城乡形象的整体特色。

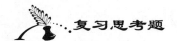
复习思考题

提及建筑物,你首先想到的是什么? 你能将自己最熟悉的建筑用笔绘制出来吗?

第五章 城市总体规划

第一节 城市总体规划的作用和任务

一、总体规划的作用

城市总体规划涉及城市的政治、经济、文化和社会生活等各个领域,在指导城市有序发展、提高建设和管理水平等方面发挥着重要的先导和统筹作用。在新中国的城市规划发展历史中,城市总体规划占有十分重要的地位。近年来,随着社会主义市场经济体制的建立和逐步完善,为适应形势的发展要求,我国对城市总体规划的编制组织、编制内容等都进行了必要的改革与完善。目前,城市总体规划已经成为指导与调控城市发展建设的重要手段,具有公共政策属性。

城市总体规划是城市规划的重要组成部分。经法定程序批准的城市总体规划文件,是编制城市近期建设规划、详细规划、专项规划和实施城市规划行政管理的法定依据。各类涉及城乡发展和建设的行业发展规划,都应符合城市总体规划的要求。由于具有全局性和综合性,我国的城市总体规划不仅是专业技术,同时更重要的是引导和调控城市建设,保护和管理城市空间资源的重要依据和手段,因此也是城市规划参与城市综合性战略部署的工作平台。

二、总体规划的主要任务和内容

1.城市总体规划的主要任务

城市总体规划是对一定时期内城市的性质、发展目标、发展规模、土地使用、空间布局以及各项建设的综合部署。编制城市总体规划,应当以全国城镇体系规划、省域城镇体系规划以及其他上层次法定规划为依据,从区域经济社会发展的角度研究城市定位和发展战略,按照人口与产业、就业岗位的协调发展要求,控制人口规模、提高人口素质,按照有效配置公共资源、改善人居环境的要求,充分发挥中心城市的区域辐射和带动作用,合理确定城乡空间布局,促进区域经济社会全面、协调和可持续发展。

城市总体规划的主要任务是:根据城市经济社会发展需求和人口、资源情况及环境承载能力,合理确定城市的性质、规模;综合确定土地、水、能源等各类资源的使用标准和控制指标,节约和集约利用资源;划定禁止建设区、限制建设区和适宜建设区,统筹安排城乡各类建设用地;合理配置城乡各项基础设施和公共服务设施,完善城市功能;贯彻公交优先原则,提升城市综合交通服务水平;健全城市综合防灾体系,保证城市安全;保护自然生态环境和整体景观风貌,突出城市特色;保护历史文化资源,延续城市历史文脉,合理确定分阶段发展方向、目标、重点和时序,促进城市健康有序发展。

城市总体规划一般分为市域城镇体系规划和中心城区规划两个层次。

2. 市域城镇体系规划的主要内容

提出市域城乡统筹发展战略;确定生态环境、土地和水资源、能源、自然和历史文化遗产等方面的保护与利用的综合目标和要求,提出空间管制原则和措施;确定市域交通发展策略原则,确定市域交通、通信、能源、供水、排水、防洪、垃圾处理等重大基础设施和重要社会服务设施的布局;根据城市建设、发展和资源管理的需要划定城市规划区;提出实施规划的措施和有关建议。

3. 中心城区规划的主要内容

分析确定城市性质、职能和发展目标,预测城市人口规模;划定禁建区、限建区、适建区,并制定空间管制措施;确定建设用地规模,划定建设用地范围,确定建设用地的空间布局;提出主要公共服务设施的布局;确定住房建设标准和居住用地布局,重点确定满足中低收入人群住房需求的居住用地布局及标准;确定绿地系统的发展目标及总体布局划定绿地的保护范围(绿线),划定河湖水面的保护范围(蓝线);确定历史文化保护及地方传统特色保护的内容和要求;确定交通发展战略和城市公共交通的总体布局,落实公交优先政策,确定主要对外交通设施和主要道路交通设施布局,确定供水、排水、供电、电信、燃气、供热、环卫发展目标及重大设施总体布局;确定生态环境保护与建设目标,提出污染控制与治理措施;确定综合防灾与公共安全保障体系,提出防洪、消防、人防、抗震、地质灾害防护等的规划原则和建设方针;提出地下空间开发利用的原则和建设方针;确定城市空间发展时序,提出规划实施步骤、措施和政策建议。

三、编制城市总体规划必须坚持的原则

1. 统筹城乡和区域发展

编制城市总体规划,必须贯彻工业反哺农业、城市支持农村的方针。要统筹规划城乡建设,增强城市辐射带动功能,提高对农村服务的水平,协调城乡基础设施商品和要素市场、公共服务设施的建设,改善进城务工农民就业和创业环境,促进社会主义新农村建设。要加强城市与周边地区的经济社会联系,协调土地和资源利用、交通设施、重大项目建设、生态环境保护,推进区域范围内基础设施相互配套、协调衔接和共建共享。

2. 积极稳妥地推进城镇化

编制城市总体规划,要考虑国民经济和社会发展规划的要求,根据经济社会发展趋势、资源环境承载能力、人口变动等情况,合理确定城市规模和城市性质。大城市要把发展的重点放到城市结构调整、功能完善、质量提高和环境改善上来,加快中心城区功能的疏解,避免人口过度集中。中小城市要发挥比较优势,明确发展方向,提高发展质量,体现个性和特点。要正确把握好城镇化建设的节奏,按照循序渐进、节约土地、集约发展合理布局的原则,因地制宜,稳步推进城镇化。

3. 加快建设节约型城市

编制城市总体规划,要根据建设节约型社会的要求,把节地、节水、节能、节材和资源综合利用落实到城市规划建设和管理的各个环节中去。

要落实最严格的土地管理制度,严格保护耕地特别是基本农田,严格控制城市建设用地增量,盘活土地存量,将城市建设用地的增加与农村建设用地的减少挂钩,优化配置土地资源。

要以水的供给能力为基本出发点,考虑城市产业发展和建设规模,落实各项节水措施,加快推进中水回用,提高水的利用效率。

要大力促进城市综合节能,重点推进高耗能企业节能降耗,改革城镇供热体制,合理安排城市景观照明,鼓励发展新能源和可再生能源。

要加大城市污染防治力度,努力降低主要污染物排放总量,推进污水、垃圾处理设施建设,加强绿化建设,保护好自然生态,加快改善城市环境质量。大力发展循环经济,积极推行清洁生产,加强资源综合利用。

4. 为人民群众生产生活提供方便

改善人居环境,建设宜居城市,是城市总体规划工作的重要目标。要优先满足普通居民基本住房需求,着力增加普通商品住房、经济适用住房和廉租房供应,为不同收入水平的城镇居民提供适宜的住房条件。要坚持公交优先,加强城市道路网和公共交通系统建设,在特大城市建设快速道路交通和大运量公共交通系统,着重解决交通拥堵问题。要突出加强城市各项社会事业建设,完善教育、科技、文化、卫生、体育和社会福利等公共设施,健全社区服务体系,提高人民群众的生活质量。要保护好历史文化名城、历史文化街区、文物保护单位等文化遗产,保护好地方文化和民俗风情,保护好城市风貌,体现民族和区域特色。

5. 统筹规划城市基础设施建设

编制城市总体规划,要统筹规划交通、能源、水利、通信、环保等市政公用设施;统筹规划城市地下空间资源开发利用;统筹规划城市防灾减灾和应急救援体系建设,建立健全突发公共事件应急处理机制。

第二节　城市总体规划纲要

一、城市总体规划纲要的任务

编制城市总体规划应先编制总体规划纲要,作为指导总体规划编制的重要依据。城市总体规划纲要的任务是研究总体规划中的重大问题,提出解决方案并进行论证。经过审查的纲要也是总体规划成果审批的依据。

二、城市总体规划纲要的主要内容

(1)提出市域城乡统筹发展战略。

(2)确定生态环境、土地和水资源、能源、自然和历史文化遗产保护等方面的综合目标和保护要求,提出空间管制原则。

(3)预测市域总人口及城镇化水平,确定各城镇人口规模、职能分工、空间布局方案和建设标准。

(4)原则确定市域交通发展策略。

(5)提出城市规划区范围。

(6)分析城市职能,提出城市性质和发展目标。

(7)提出禁建区、限建区、适建区范围。

(8)预测城市人口规模。

(9)研究中心城区空间增长边界,提出建设用地规模和建设用地范围。

(10)提出交通发展战略及主要对外交通设施布局原则。

(11)提出重大基础设施和公共服务设施的发展目标。

(12)提出建立综合防灾体系的原则和建设方针。

三、城市总体规划纲要的成果要求

城市总体规划纲要的成果包括文字说明、图纸和专题研究报告。

1. 文字说明

简述城市自然、历史、现状特点;分析论证城市在区域发展中的地位和作用、经济和社会发展的目标、发展优势与制约因素,提出市域城乡统筹发展战略,确定城市规划区范围;确定生态环境、土地和水资源、能源、自然和历史文化遗产保护等方面的综合目标和保护要求,提出空间管制原则;原则确定市域总人口、城镇化水平及各城镇人口规模;原则确定规划期内的城市发展目标、城市性质,初步预测城市人口规模;初步提出禁建区、限建区、适建区范围,研究中心城区空间增长边界,确定城市用地发展方向,提出建设用地规模和建设用地范围;对城市能源、水源、交通、公共设施、基础设施、综合防灾、环境保护、重点建设等主要问题提出原则规划意见。

2. 图纸

(1)区域城镇关系示意图:图纸比例为 1∶200 000～1∶1 000 000,标明相邻城镇位置、行政区划、重要交通设施、重要工矿和风景名胜区。

(2)市域城镇分布现状图:图纸比例为 1∶50 000～1∶200 000,标明行政区划、城镇分布城镇规模、交通网络、重要基础设施、主要风景旅游资源、主要矿藏资源。

(3)市域城镇体系规划方案图:图纸比例为 1∶50 000～1∶200 000,标明行政区划、城镇分布、城镇规模、城镇等级、城镇职能分工、市域主要发展轴(带)和发展方向、城市规划区范围。

(4)市域空间管制示意图:图纸比例为 1∶50 000～1∶200 000,风景名胜区、自然保护区、基本农田保护区、水源保护区、生态敏感区以及重要的自然和历史文化遗产位置和范围,明确市域功能空间区划。

(5)城市现状图:图纸比例为1∶5000～1∶25 000,标明城市主要建设用地范围、主要干路以及重要的基础设施。

(6)城市总体规划方案图:图纸比例为1∶5000～1∶25 000,初步标明中心城区空间增长边界和规划建设用地的大致范围,标注各类主要建设用地、规划主要干路、河溯水面、重要的对外交通设施、重大基础设施。

(7)其他必要的分析图纸。

3.专题研究报告

在纲要编制阶段应对城市重大问题进行研究,撰写专题研究报告。例如人口规模预测专题、城市用地分析专题等。

第三节　城市总体规划编制程序和基本要求

一、城市总体规划编制基本工作程序

首先通过现场踏勘、抽样或问卷调查、访谈和座谈会调查、文献资料搜集等方法进行现状调研;在现状分析的基础上展开深入研究,进一步认识城市,并以科学的研究为基础,理性地构思规划方案;经过多方案的对比,编制城市总体规划纲要,对重大原则性问题进行专家论证和政府决策;城市总体规划成果的编制应依据经审查的城市总体规划纲要,并与地方城市建设进行充分协调。城市总体规划的评审报批是规划内容法定化的重要程序,通常会伴随着反复的修改完善工作,直至正式批复。

二、城市总体规划编制基本要求

1.规划编制规范化

鉴于总体规划的重要作用和法律地位,无论是制定的程序还是编制内容都必须严谨、规范,要保证与政策的高度一致性。编制总体规划可以理解为是制定法律文件,本身必须遵守国家的相关法律法规,符合标准规范,因此需要在总体上掌握我国的法律体系,应清楚地知道总体规划在我国法律体系中的地位,规范化也是确保规划质量的技术保障。

2.规划编制的针对性

城市的产生和发展有其规律性,但是对于不同地理环境,不同发展时机的城市,规划编制需要有针对性。在我国东南沿海地区,城市用地紧张,工业项目集中,对总体规划中人口和用地指标一般有严格要求;中部地区大多城市属于发展时期,对总体规划中的基础设施的规划深度要求较高;西北部贫困地区则更注重城市环境保护、治理与城市景观规划的内容。另一方面,编制总体规划要求规划师能够运用自己的专业知识和技能,寻找并发现影响物质空间形成的动因,进而提出有效的政策,制定出最小风险的规划方案。

3. 科学性

编制规划是城市规划实践的重要内容之一,总体规划涉及城市发展的重大战略问题,必须科学、严谨地予以对待。编制总体规划不仅要对重大问题进行研究论证,各个技术环节也都必须能够提供技术依据。在规划编制中运用先进技术手段和不断更新的科研成果,有助于规划师在编制总体规划中科学地分析判断问题,正确把握规划决策。

4. 综合性

城市总体规划涉及城市政治、经济、文化和社会生活各个领域,与许多学科和专业相关,规划的综合性体现在要尽可能地使相关研究和有关部门共同参与到编制过程中,在研究和解决城市发展的重大问题上发挥更大作用。

第四节　城市总体规划基础研究

一、城市规划的基本分析方法与应用

城市规划涉及的问题十分复杂和烦琐,必须运用科学和系统的方法,在众多的数据资料中分析出有价值的结论。城市规划常用的分析方法有三类,分别是定性分析、定量分析和空间模型分析。

1. 定性分析

定性分析方法常用于城市规划中复杂问题的判断,主要有因果分析法和比较法。

(1)因果分析法。城市规划分析中涉及的因素繁多,为了全面考虑问题,提出解决问题的方法,往往先尽可能多地排列出相关因素,发现主要因素,找出因果关系。

(2)比较法。在城市规划中常常会碰到一些难以定量分析又必须量化的问题,对此可以采用对比的方法找出其规律性。例如确定新区或新城的各类用地指标可参照相近的同类已建城市的指标。

2. 定量分析

城市规划中常采用一些概率统计方法、运筹学模型、数学决策模型等数理工具进行定量化分析。

(1)频数和频率分析。频数分布是指一组数据中取不同值的个案的次数分布情况,它一般以频数分布表的形式表达。在规划调查中经常有调查的数据是连续分布的情况,如人均居住面积,一般是按照一个区间来统计。频率分布是指一组数据中不同取值的频数相对于总数的比率分布情况,一般以百分比的形式表达。

(2)集中量数分析。集中量数分析指的是用一个典型的值来反映一组数据的一般水平,或者说反映这组数据向这个典型值集中的情况。常见的有平均数、众数。平均数是调查所得各数据之和除以调查数据的个数;众数是一组数据中出现次数最多的数值。

(3)离散程度分析。离散程度分析是用来反映数据离散程度的。常见的有极差、标准差、离散系数。极差是一组数据中最大值与最小值之差;标准差是一组数据对其平均数的偏差平方的算术平均数的平方根;离散系数是一种相对的表示离散程度的统计量,是指标准差与平均数的比值,以百分比的形式表示。

(4)一元线性回归分析。一元线性回归分析是利用两个要素之间存在比较密切的相关关系,通过试验或抽样调查进行统计分析,构造两个要素间的数学模型,以其中一个因素为控制因素(自变量),以另一个预测因素为因变量,从而进行试验和预测。例如,城市人口发展规模和时间之间的一元线性回归分析。

(5)多元回归分析。多元回归分析是对多个要素之间构造数学模型。例如,可以在房屋的价格和土地的供给,建筑材料的价格与市场需求之间构造多元回归分析模型。

(6)线性规划模型。如果在规划问题的数学模型中,决策变量为可控的连续变量,目标函数和约束条件都是线性的,则这类模型称为线性规划模型。城市规划中有很多问题都是为在一定资源条件下进行统筹安排,使得在实现目标的过程中,如何在消耗资源最少的情况下获得最大的效益,即如何达到系统最优的目标。这类问题就可以利用线性规划模型求解。

(7)系统评价法。系统评价法包括矩阵综合评价法、概率评价法、投入产出法、德尔菲法等。在城市规划中,系统评价法常用于对不同方案的比较、评价、选择。

(8)模糊评价法。模糊评价法是应用模糊数学的理论对复杂的对象进行定量化评价,如可以对城市用地进行综合模糊评价。

(9)层次分析法。层次分析法将复杂的问题分解成比原问题简单得多的若干层次系统,再进行分析、比较、量化、排序,然后再逐级进行综合。它可以灵活地应用于各类复杂的问题。

3.空间模型分析

城市规划各个物质要素在空间上占据一定的位置,形成错综复杂的相互关系。除了用数学模型、文字说明来表达外,还常用空间模型的方法来表达,主要有实体模型和概念模型两类。

(1)实体模型除了可以用实物表达外,也可以用图纸表达,例如用投影法画的总平面图、剖面图、立面图,主要用于规划管理与实施;用透视法画的透视图、鸟瞰图,主要用于效果表达。

(2)概念模型一般用图纸表达,主要用于分析和比较。常用的方法有:

1)几何图形法:用不同色彩的几何图形在平面上强调空间要素的特点与联系。常用于功能结构分析、交通分析、环境绿化分析等。

2)等值线法:根据某因素空间连续变化的情况,按一定的值差,将同值的相邻点用线条联系起来。常用于单一因素的空间变化分析,例如用于地形分析的等高线图、交通规划的可达性分析、环境评价的大气污染和噪声分析等。

3)方格网法:根据精度要求将研究区域划分为方格网,将每一方格网的被分析因素的值用规定的方法表示(如颜色、数字、线条等)。常用于环境、人口的空间分布等分析。此法可以多层叠加,常用于综合评价。

4)图表法:在地形图(地图)上相应的位置用玫瑰图、直方图、折线图、饼图等表示各因素的值。常用于区域经济、社会等多种因素的比较分析。

二、城市总体规划现状调查

城市总体规划是对城市未来发展做出的预测,是实践性很强的工作,对城市现实状况把握得准确与否是规划能否发现现实中的核心问题、提出切合实际的解决办法,从而真正起到指导城市发展与建设的关键作用。城市总体规划必须建立在科学的调查研究和分析的基础上,弄清城市发展的自然、社会、历史、文化的背景以及经济发展的状况和生态条件,找出城市发展建设中要解决的重要矛盾和问题。调查研究也是对城市从感性认识上升到理性认识的必要过程,调查研究所获得的基础资料是城市总体规划定性、定量分析的主要依据。

1. 现状调查的内容

城市是一个动态的、发展着的复杂系统,时刻处在不断变化的过程之中。通过科学系统的调查,把握城市发展的客观规律,是认识城市未来发展的基础。

(1)区域环境的调查。区域环境在不同的城市规划阶段可以指不同的地域。在城市总体规划阶段,指城市与周边发生相互作用的其他城市和广大的农村腹地所共同组成的地域范围。城市总体规划需要将所规划的城市纳入更为广阔的范围,才能更加清楚地认识所规划的城市的作用、特点及未来发展的潜力。

(2)历史文化环境的调查。历史文化环境的调查首先要通过对城市形成和发展过程的调查,把握城市发展动力以及城市形态的演变原因。城市的经济、社会和政治状况的发展演变是城市发展最重要的决定因素。

每个城市由于其历史、文化、经济、政治、宗教等方面的原因,在其发展过程中都形成了各自的特点。城市的特色与风貌体现在两个方面:一是社会环境方面,是城市中的社会生活和精神生活的结晶,体现了当地经济发展水平和当地居民的习俗、文化素养、社会道德和生活情趣等;二是物质方面,表现在历史文化遗产、建筑形式与组合、建筑群体布局、城市轮廓线、城市设施、绿化景观以及市场、商品、艺术和土特产等方面。

除少数完全新建的城市外,城市总体规划研究的大多是现有城市的延续与发展。了解城市本身的发展过程,掌握其中的规律,一方面可以更好地规划城市的未来,另一方面还可以将城市发展的历史文脉有意识地延续下来,并发扬光大。另外,通过对城市发展过程中历次城市规划资料的收集以及与城市现状的对比、分析,也可以在一定程度上判断以往城市规划对城市发展建设所起到(或没有起到)的作用,并从中获得有用的经验和教训。

(3)自然环境的调查。自然环境是城市生存和发展的基础,不同的自然环境对城市的形成起着重要作用,而不同的自然条件又影响决定了城市的功能组织、发展潜力、外部景观等。如南方城市与北方城市,平原城市与山地城市、沿海城市与内地城市之间的明显差别往往是源自自然条件的差异。环境的变化也会导致城市发展条件的变化,如自然资源的开采与枯竭,会导致城市的兴衰等。

在自然环境的调查中,主要涉及以下几个方面。

1)自然地理环境,包括地理位置地形地貌、工程地质、水文地质和水文条件等。

2)气象因素,包括风向、气温、降雨、太阳辐射等。

3）生态因素。主要涉及城市及周边地区的野生动植物种类与分布,生物资源、自然植被、园林绿地、城市废弃物的处置对生态环境的影响等。

（4）社会环境的调查。社会环境的调查主要包括两方面:首先是人口方面,主要涉及人口的年龄结构、自然变动、迁移变动和社会变动;其次是社会组织和社会结构方面,主要涉及构成城市社会各类群体及它们之间的相互关系,包括家庭规模、家庭生活方式、家庭行为模式及社区组织等,此外还有政府部门、其他公共部门及各类企事业单位的基本情况。

（5）经济环境的调查。城市经济环境的调查包括以下几个方面:一是城市整体的经济状况,如城市经济总量及其增长变化情况,城市产业结构,工农业总产值及各自的比重,当地资源状况,经济发展的优势和制约因素等;二是城市中各产业部门的状况,如工业、农业、商业、交通运输业、房地产业等;三是有关城市土地经济方面的内容,包括土地价格、土地供应潜力与供应方式、土地的一级市场与二级市场及其运作的概况等;四是城市建设资金的筹措、安排与分配,其中既涉及城市政府公共项目资金的运作,也涉及私人资本的运作,以及政府吸引国内外资金从事城市建设的政策与措施。调查历年城市公共设施、市政设施的资金来源,投资总量以及资金安排的程序与分布等。

（6）广域规划及上位规划。任何一个城市都不是孤立存在的,它是存在于区域之中的众多聚居点中的一个。因此,对城市的认识与把握不但要从城市自身进行,还应从更为广泛的区域角度看待一个城市。通常,城市规划将国土规划、区域规划以及城镇体系规划等具有更广泛空间范围的规划作为研究确定城市性质、规模等要素的依据。

（7）城市土地使用的调查。按照国家《城市用地分类与规划建设用地标准》所确定的城市土地使用分类,对规划区范围的所有用地进行现场踏勘调查,对各类土地使用的范围、界限、用地性质等在地形图上进行标注,完成土地使用的现状图和用地平衡表。

（8）城市道路与交通设施调查。城市交通设施可大致分为道路、广场、停车场等城市交通设施,以及公路、铁路、机场、车站、码头等对外交通设施。掌握各项城市交通设施的现状,分析发现其中存在的问题,是规划能否形成完善合理的城市结构、提高城市运转效率的关键之一。

（9）城市园林绿化、开敞空间及非城市建设用地调查。了解城市现状各类公园绿地、风景区、水面等开敞空间以及城市外围的大片农林牧业用地和生态保护绿地。

（10）城市住房及居住环境调查。了解城市现状居住水平,中低收入家庭住房状况,居民住房意愿,居住环境,当地住房政策。

（11）市政公用工程系统调查。主要是了解城市现有给水、排水、供热、供电、燃气、环卫、通信设施和管网的基本情况,以及水源、能源供应状况和发展前景。

（12）城市环境状况调查。与城市规划相关的城市环境资料主要来自两个方面:一是有关城市环境质量的监测数据,包括大气、水质、噪声等方面,主要反映现状中的城市环境质量水平;另一个是工矿企业等主要污染源的污染物排放监测数据。

2.现状调查的主要方法

城市总体规划中的调查涉及面广,可运用的方法也多种多样,各类调查方法的选取与所调查的对象及规划分析研究的要求直接相关,各种调查的方法也都具有其各自的局限性。

(1)现场踏勘。这是城市总体规划调查中最基本的手段,通过规划人员直接的踏勘和观测工作,一方面可以获取有关现场情况,尤其是物质空间方面的第一手资料,弥补文献、统计资料乃至各种图形资料的不足;另一方面可以使规划人员在建立起有关城市感性认识的同时,发现现状的特点和其中所存在的问题。主要用于城市土地使用、城市空间结构等方面的调查,也用于交通量调查等。

(2)抽样或问卷调查。问卷调查是要掌握一定范围内大众意愿时最常见的调查形式。通过问卷调查的形式可以大致掌握被调查群体的意愿、观点、喜好等。问卷调查的具体形式可以是多种多样的,例如可以向调查对象发放问卷,事后通过邮寄、定点投放、委托民间组织等形式回收或者通过调查员实时询问、填写、回收(街头、办公室访问等);也可以通过电话电子邮件等形式进行调查。

调查对象可以是某个范围内的全体人员,例如旧城改造地区中的全体居民,称为全员调查;也可以是部分人员,例如城市总人口的1%,称为抽样调查。问卷调查的最大优势就是能够较为全面、客观、准确地反映群体的观点、意愿、意见等。问卷调查中的同群设计、样本数量确定、抽样方法选择等需要一定的专业知识和技巧。

在城市总体规划工作中,由于时间、人力和物力的限制,通常更多地采用抽样而不是全员调查的形式。按照统计学的概念,抽样调查是通过按照随机原则在一定范围内按照一定比例选取调查对象(样本),汇总调查样本的意识倾向,来推断一定范围内全体人员(母集)的意识倾向的方法,即通过对样本状况的统计反映母集的状况。

(3)访谈和座谈会调查。性质上与抽样调查类似,但访谈与座谈会是调查者面对面的交流。在总体规划中这类调查主要运用在下列几种状况:一是针对无文字记载的民俗民风、历史文化等方面;二是针对尚未形成文字或对一些愿望与设想的调查,如城市中各部门、政府的领导以及广大市民对未来发展的设想与愿望等;三是针对某些关于城市规划重要决策问题收集专业人士的意见。

(4)文献资料搜集。城市总体规划的相关文献和统计资料通常以公开出版的城市统计年鉴、城市年鉴、各类专业年鉴、不同时期的地方志等形式存在,这些文献及统计资料具有信息量大、覆盖范围广、时间跨度大、在一定程度上具有连续性可推导出发展趋势等特点。在获取相关文献、统计资料后,一般按照一定的分类对其进行挑选、汇总、整理和加工。例如,对于城市人口发展趋势就可以利用历年统计年鉴中的数据,编制人口发展趋势一览表以及相应的发展趋势图,从中发现某些规律性的趋势。

三、城市自然资源条件分析

自然资源是自然界中一切能为人类利用的自然要素,包括矿产资源、土地资源、森林资源、水资源、海洋资源等。其中,土地资源、水资源和矿产资源影响到城市的产生和发展的全过程,决定城市的选址、城市性质和规模、城市空间结构及城市特色,是城市赖以生存和发展的三大资源。

1. 土地资源

(1)土地在城乡建设发展中的作用。土地在城乡经济、社会发展与人民生活中的作用主要表现为土地的承载功能、生产功能和生态功能,这三大功能缺一不可。

1)承载功能。土地由于其物理特性,具有承载万物的功能。作为生物与非生物的载体,各种人工建(构)筑物的地基;土地是人类生产、生活赖以存在的物质基础,工程建设用地正是利用土地的这种承载功能,以土地的非生物附着方式为主要利用形态,把土地作为生产基地、生活场所,为人们提供居住、工作、学习、交通、旅游、公共设施等便利条件。

2)生产功能。土地具有肥力,是万物生长的重要来源,它具备适宜生命存在的各种营养物质,和氧气、温度、湿度等结合在一起,从而使各种生物得以生存、繁殖。例如耕地和养殖用地,它们都是因为具有较强的生产功能,能为农作物和水生动、植物提供生长所需的养分,所以成为人类食物和衣着原料的主要来源。

3)生态功能。除了具有承载功能和生产功能外,土地还具有生态功能。一方面表现在它具有景观功能。巍峨的群山、浩瀚的江河、无垠的沃野、丰富的景观资源为人们陶冶性情、愉悦身心创造了难以量化的价值,同时也给旅游产业的开发创造了条件;另一方面还表现在土地具有维护生态平衡的作用,如林地、草场等不仅能补给大气中的氧气、涵养水源、保持水土、调节气候、防风固沙、净化空气,还能为众多的野生动物提供栖息和繁殖的场地,优化自然生态环境。

(2)城市用地的特殊性

1)区位的极端重要性。城市用地的空间位置不同,不仅造成用地间的级差收益不同,也使土地使用的环境效益和社会效益发生联动变化。随着城市土地有偿使用制度的逐步建立和完善,用地的区位属性直接影响城市用地的空间布局。

2)开发经营的集约性。城中土地使用高度的集约经营和投入,使单位面积城市用地创造的物质和精神财富以及经济收益远大于自然状态的土地。同时,由于土地开发经营集约度的不同,城市土地的利用方式和强度也不相同,造成用地的投入产出效益相差很大。

3)土地使用功能的固定性。由于城市用地上建筑物投资的巨大,非特殊原因,这些土地的使用方式一般不会轻易改变。因此,城市总体规划在改变和确定土地用途时,必须科学研究、谨慎决策。

4)不同用地功能的整体性。城市用地在功能上是一个统一的有机整体,城市总体规划的主要任务和作用就是研究城市用地功能布局的合理性和完整性,以促使城市协调、稳定、健康发展。

2. 水资源

(1)水资源是城市产生和发展的基础。水是城市生命的源泉,社会、经济发展的基础,良好生态环境的保障。水资源的开发、调蓄、利用能力和开源节流的水平、潜力是国家综合国力的重要组成部分。《中国21世纪议程》明确指出,"中国可持续发展建立在资源的可持续利用和良好的生态环境基础上",而"水资源的持续利用是所有自然资源保护和可持续利用中最重要的一个问题"。由于我国城市的特殊地位和作用,其水资源开发利用几乎包括了人类水资源开发利用的全部内容,既有城市工业用水、居民消费用水,还有无土栽培的农业用水和绿地用水。可以说城市水资源的水质保证和永续利用,是其本身可持续发展的根本性问题。

(2)水资源制约工业项目的发展。水还是重要的生产资料。城市工业生产的发展潜力不仅取决于投资和研发能力,同时还受制于工业供水能力。在工业生产中,水的利用方式有:①用作原料(饮料、食品等);②电镀工厂等用作化学反应媒介物;③用作搬运原料媒介物;④用作冷却水;⑤洗涤用水等。

(3)丰富的水资源是城市的特色和标志。水又是一种特殊的生态景观资源。优美的自然山水风光对城市布局、城市面貌、城市生态环境、城市人文历史特色的影响源远流长:杭州因西湖而闻名,桂林因漓江而甲天下,威尼斯更因水而成为享誉世界的旅游胜地。

(4)正确评价水资源供应量是城市规划必须做的基础工作。城市总体规划要对城市水资源的可靠性进行详细勘察、分析和综合评价,不仅是保障城市生产和人民生活的基础性工作,还是合理利用水资源、最大限度地避免水源工程选址不当的重要工程技术环节。

3. 矿产资源

(1)矿产资源的开采和加工可促成新城市的产生。当某一地区经勘探发现矿产资源又经国家允许开采,于是采矿业便在此兴起。生产区、生活区、基础设施等逐渐从无到有,一个城市的雏形便产生了。随着采矿业规模的扩大,相关产业应运而生,从而形成一个完整的城市经济体系,城市由最初的雏形渐渐走向成熟,产生新的城市,如大庆、攀枝花等城市就是因矿产资源的开发而产生的。

(2)矿产资源决定城市的性质和发展方向。矿业城市中,矿产开发和加工业成为城市经济主导产业部门,整个产业结构是以此为核心构筑的,对城市的性质和发展方向起决定性作用。我国在采掘矿产资源的基础上形成的矿业城市有:大同、鹤岗、鸡西、淮北、阜新等煤炭工业城市;大庆、任丘、濮阳、克拉玛依、玉门等石油工业城市;鞍山、本溪、包头、攀枝花、马鞍山等钢铁工业城市;个旧、金昌、白银、东川、铜陵等有色金属工业城市;景德镇陶瓷工业城市。

(3)矿产资源的开采决定城市的地域结构和空间形态。与一般城市不同,矿业城市的地域结构和空间形态是由相应资源的开采决定的。城市是由多个相对独立的生产生活单元组成的,在空间上并不紧邻,较为松散。因此,城市总体规划布局呈分散式、开敞式、自由式。各分区之间联系薄弱,城市氛围不够,是这类城市特别是处于生长期的城市的共同特征。

(4)矿业城市必须制定可持续的发展战略。在失去固有资源优势后,如何使城市仍能保持旺盛的经济活力和持久的发展势头,是矿业城市规划需要研究的一个重要课题。因此,这类城市应制定一个长期发展规划,改变单一产业结构,发展相关产业,完善产业体系,特别是要注重发展教育、文化和基础设施,使城市由单一的矿业城市逐步过渡到综合性工业城市,进而发展成为区域中心城市。

四、城市总体规划的实施评估

1. 城乡规划实施评估的目的

城乡规划是政府指导和调控城乡建设发展的基本手段之一,也是政府在一定时期内

履行经济调节、市场监管、社会管理和公共服务职能的重要依据。城乡规划一经批准,即具有法律效力,必须严格遵守和执行。一方面,在城乡规划实施期间,需要结合当地经济社会发展的情况,定期对规划目标实现的情况进行跟踪评估,及时监督规划的执行情况,及时调整规划实施的保障措施,提高规划实施的严肃性。另一方面,对城乡规划进行全面、科学的评估,也有利于及时研究规划实施中出现的新问题,及时总结和发现城乡规划的优点和不足,为继续贯彻实施规划或者对其进行修改提供可靠的依据,提高规划实施的科学性,从而避免一些地方政府及其领导违反法定程序,随意干预和变更规划。因此,《城乡规划法》第四十六条规定,省域城镇体系规划、城市总体规划、镇总体规划的组织编制机关,应当组织有关部门和专家定期对规划实施情况进行评估。

对城乡规划实施进行定期评估,是修改城乡规划的前置条件。通过规划评估,可以总结城乡规划实施的经验,发现问题,为修改城乡规划奠定良好的基础。根据《城乡规划法》第四十七条的规定,如果省域城镇体系规划、城市总体规划、镇总体规划经评估确需修改的,其组织编制机关方可按照规定的权限和程序修改上述规划。

2. 城市总体规划实施评估的要求

城市总体规划的实施是城市政府依据制定的规划,运用多种手段,合理配置城市空间资源,保障城市建设发展有序进行的一个动态过程。由于城市总体规划的规划期时间跨度较长,规划期限一般为20年。所以定期对经依法批准的城市总体规划实施情况进行总结和评估十分必要。通过评估,不但可以监督检查总体规划的执行情况,而且也可以及时发现规划实施过程中存在的问题,提出新的规划实施应对措施,提高规划实施的绩效,并为规划的动态调整和修编提供依据。

评估中要系统地回顾上版城市总体规划的编制背景和技术内容,研究城市发展的阶段特征,把握好城市发展的自身规律,全面总结现行城市总体规划各项内容的执行情况,包括城市的发展方向和空间布局、人口与建设用地规模、综合交通、绿地、生态环境保护、自然与历史文化遗产保护、重要基础设施和公共服务设施等规划目标的落实情况以及强制性内容的执行情况,结合城市经济社会发展的实际,通过对照、检查和分析,总结成功经验,查找规划实施过程中存在的主要问题,深入分析问题的成因,研究提出改进规划制定和实施管理的具体对策、措施、建议,以指导和改进城市总体规划的实施工作,同时对城市总体规划修编的必要性进行分析。

五、城市空间发展方向

城市总体规划必须对城市空间的发展方向做出分析和判断,以应对城市用地的扩展改造,适应城市人口的变化。由于当前我国正处于城市高速发展的阶段,城市化的特征主要体现在人口向城市地区的积聚,即城市人口的快速增长和城市用地规模的外延型扩张。因此,在城市的发展中,非城市建设用地向城市用地的转变仍是城市空间变化与拓展的主要形式。而当未来城市化速度放慢时,则有可能出现以城市更新、改造为主的城市空间变化与拓展模式。

虽然城市用地的发展体现为城市空间的拓展,但与城市及其所在区域中的政治、经济、社会、文化、环境因素密切相关。因此,城市用地的发展方向也是城市发展战略中重点研究的问题之一,城市总体规划中对此应进行专门的分析、研究和论证。由于城市用地发展事实上的不可逆性,对城市发展方向做出重大调整时,一定要经过充分的论证。对城市发展方向的分析研究往往伴随着对城市结构的研究,但各自又有所侧重。如果说对城市结构的研究着眼于城市空间整体的合理性的话,那么对城市发展方向的分析研究则更注重于城市空间发展的可能性及合理性。

影响城市发展方向的因素较多,可大致归纳为以下几种:

(1)自然条件:地形地貌、河流水系、地质条件等土地的自然因素通常是制约城市用地发展的重要因素之一;同时,出于维护生态平衡、保护自然环境目的的各种对开发建设活动的限制也是城市用地发展的制约条件之一。

(2)人工环境:高速公路、铁路、高压输电线等区域基础设施的建设状况以及区域产业布局和区域中各城市间的相对位置关系等因素均有可能成为制约或诱导城市向某一特定方向发展的重要因素。

(3)城市建设现状与城市形态结构:除个别完全新建的城市外,大部分城市均依托已有的城市发展。因此,城市现状的建设水平不可避免地影响到与新区的关系,进而影响到城市整体的形态结构。城市新区是依托旧城区在各个方向上均等发展,还是摆脱旧城区,在某一特定方向上另行建立完整新区,决定了城市用地的发展方向。

(4)规划及政策性因素:城市用地的发展方向也不可避免地受到政策性因素以及其他各种规划的影响。例如,土地部门主导的土地利用总体规划中,必定体现农田保护政策,从而制约城市用地的扩展过多地占用耕地;而文物部门所制定的有关文物保护的规划或政策,则限制城市用地向地下文化遗址或地上文物古迹集中地区的扩展。

(5)其他因素:除以上因素外,土地产权问题、农民土地征用补偿问题、城市建设中的城中村问题等社会问题也是需要关注和考虑的因素。

六、城市发展目标和城市性质

1. 城市发展目标

城市发展目标是一定时期内城市经济、社会、环境的发展所应达到的目的和指标,通常可分为以下四个方面的内容。

(1)经济发展目标:包括国内生产总值(GDP)等经济总量指标、人均国民收入等经济效益指标以及第一、二、三产业之间的比例等经济结构指标。

(2)社会发展目标:包括总人口规模等人口总量指标、年龄结构等人口构成指标、平均寿命等反映居民生活水平的指标以及居民受教育程度等人口素质指标等。

(3)城市建设目标:建设规模、用地结构、人居环境质量、基础设施和社会公共设施配套水平等方面的指标。

(4)环境保护目标:城市形象与生态环境水平等方面的指标。这些指标的分析、预测与选定通常采用定性分析与定量预测相结合的方法,即在把握现状水平的基础上,按照一定的规律进行预测,并通过定性分析、类比等方法的校验,最终确定具体的取值。

2. 城市职能

城市职能是指城市在一定地域内的经济、社会发展中所发挥的作用和承担的分工,城

市职能的着眼点是城市的基本活动部分。

按照城市职能在城市生活中的作用,可划分为基本职能和非基本职能。基本职能是指城市为城市以外地区服务的职能,非基本职能是城市为城市自身居民服务的职能,其中基本职能是城市发展主导促进因素。

城市的主要职能是城市基本职能中比较突出的、对城市发展起决定作用的职能。

3. 城市性质

城市性质是指城市在一定地区、国家以至更大范围内的政治、经济与社会发展中所处的地位和担负的主要职能,由城市形成与发展的主导因素的特点所决定,由该因素组成的基本部门的主要职能所体现。城市性质关注的是城市最主要的职能,是对主要职能的高度概括。

城市性质是城市发展方向和布局的重要依据。在市场经济条件下,城市发展的不确定因素增多,城市性质的确定除了对城市发展的条件、区域的分工、有利的因素进行充分分析、确定城市承担的主要职能外,还应充分认识城市发展的不利因素,说明不宜发展的产业和职能,如水资源条件差的城市对发展耗水大的产业,将构成制约因素。

城市性质应该体现城市的个性,反映其所在区域的经济、政治、社会、地理、自然等因素的特点。城市性质不是一成不变的,一个城市由于建设的发展或因客观条件变化,都会促使城市性质有所变化。但城市性质毕竟要取决于它的历史、自然、区域这些较稳定的因素。因此,城市性质在相当一段时期内有其稳定性。

(1)确定城市性质的意义。不同的城市性质决定着城市发展的不同特点,对城市规模、城市空间结构和形态以及各种市政公用设施的水平起着重要的指导作用。在编制城市总体规划时,确定城市性质是明确城市产业发展重点、确定城市空间形态以及一系列技术经济措施及其相适应的技术经济指标的前提和基础。明确城市的性质,便于在城市总体规划中把规划的一般原则与城市的特点结合起来,使规划更加切合实际。

(2)确定城市性质的依据。城市性质的确定,可从两个方面去认识。一是从城市在国民经济中所承担的职能方面去认识,就是指一个城市在国家或地区的经济、政治、社会、文化生活中的地位和作用。城镇体系规划规定了区域内城镇的合理分布、城镇的职能分工和相应的规模,因此,城镇体系规划是确定城市性质的主要依据。城市的国民经济和社会发展规划,对城市性质的确定也有重要的作用。二是从城市形成与发展的基本因素去研究、认识城市形成与发展的主导因素。

(3)确定城市性质的方法。确定城市性质不能就城市论城市,不能仅仅考虑城市自身发展条件和需要,必须从城市在区域社会经济中的地位和作用入手进行分析,然后对分析结论加以综合,科学地确定城市性质。也就是说,应把城市放在一个大区域背景中分析,才能正确确定其性质。

确定城市性质,就是综合分析影响城市发展的主导因素及其特点,明确城市的主要职能,指出它的发展方向。在确定城市性质时,必须避免两种倾向:一是将城市的共性作为城市的性质;二是不区分城市基本因素的主次,一一罗列,结果失去指导规划与建设的意义。

确定城市性质一般采用“定性分析”与“定量分析”相结合,定性分析为主的方法。

定性分析就是在进行深入调查研究之后,全面分析城市在经济、政治、社会、文化方面的作用和地位。定量分析是在定性基础上对城市职能,特别是经济职能,采用一定的技术指标,确定起主导作用的行业(或部门)。一般从三方面人手:①起主导作用的行业(或部门)在全国或地区的地位和作用;②分析主要部门经济结构的主次,采用同一经济技术标准(如职工人数、产值、产量等),从数量上分析其所占比重;③分析用地结构以用地所占比重的大小表示。

七、城市规模

城市规模是以城市人口和城市用地总量所表示的城市的大小,城市规模对城市的用途及布局形态有重要影响。合理确定城市规模是科学编制城市总体规划的前提和基础,是市场经济条件下政府合理配置资源、提供公共服务、协调各种利益关系、制定公共政策的主要依据,是城市规划与经济社会发展目标相协调的重要组成部分。

1. 城市人口规模

城市人口规模就是城市人口总数。编制城市总体规划时,通常将城市建成区范围内能实际居住人口视作城市人口,即在建设用地范围中居住的户籍非农业人口、户籍农业人口以及暂住期在一年以上的暂住人口的总和。

城市人口的统计范围应与地域范围一致,即现状城市人口与现状建成区、规划城市人口与规划建成区要相互对应。城市建成区指城市行政区内实际已成片开发建设、市政公用设施和公共设施基本具备的地区,包括城区集中连片的部分以及分散在城市近郊与核心有着密切联系、具有基本市政设施的城市建设用地(如机场、铁路编组站、污水处理厂等)。

(1)城市人口的构成。城市人口的状态是在不断变化的,可以通过对一定时期内城市人口的年龄、寿命、性别、家庭、婚姻、劳动、职业、文化程度、健康状况等方面的构成情况加以分析,反映其特征。在城市总体规划中,需要研究的主要有年龄、性别、家庭、劳动、职业等构成情况。

年龄构成指城市人各年龄组的人数占总人数的比例。一般将年龄分成六组:托儿组(0~3岁)、幼儿组(4~6岁)、小学组(7~11或12岁)、中学组(12~16岁或13~18岁)、成年组(男17或19~60岁,女17或19~55岁)和老年组(男61岁以上,女56岁以上)。为了便于研究,常根据年龄统计作出百岁图和年龄构成图。了解城市人口年龄构成的意义;比较成年组人口与就业人数(职工人数)可以看出就业情况和劳动力潜力;掌握劳动后备军的数量和被抚养人口比例;对于估算人口发展规模有重要作用;掌握学龄前儿童和学龄儿童的数字和趋向是制定托、幼及中小学等规划指标的依据;判断城市的人口自然增长变化趋势;分析育龄妇女人口的年龄及数量是推算人口自然增长的重要依据。

性别构成反映男女之间的数量和比例关系,它直接影响城市人口的结婚率、育龄妇女生育率和就业结构。在城市总体规划工作中,必须考虑男女性别比例的基本平衡。家庭构成反映城市的家庭人口数量、性别和代际关系等情况,我国城市家庭存在由传统的复合大家庭向简单的小家庭发展的趋向,它对于城市住宅类型的选择,城市生活和文化设施的配置,城市居住区的配套服务等有密切关系。

劳动构成按居民参加工作与否,计算劳动人口与非劳动人口(被抚养人口)占总人口的比例;劳动人口又按工作性质和服务对象,分成基本人口和服务人口。基本人口指在工业、交通运输以及其他不属于地方性的行政、财经、文教等单位中工作的人员,它不是由城市的规模决定的,相反,它却对城市的规模起决定性的作用。服务人口指为当地服务的企业、行政机关、文化、商业服务机构中工作的人员,它的多少是随城市规模而变动的。被抚养人口指未成年的、没有劳动力的以及没有参加劳动的人员。

研究劳动人口在城市总人口中的比例,调查和分析现状劳动构成是估算城市人口发展规模的重要依据之一。职业构成指城市人口中社会劳动者按其从事劳动的行业(即职业类型)划分各占总人数的比例。

产业结构与职业构成的分析可以反映城市的性质、经济结构、现代化水平、城市设施社会化程度、社会结构的合理协调程度,是制定城市发展政策与调整规划定额指标的重要依据。在城市总体规划中,应提出合理的职业构成与产业结构建议,协调城市各项事业的发展,达到生产与生活设施配套建设,提高城市的综合效益。

(2)城市人口的变化。一个城市的人口始终处于变化之中,它主要受到自然增长与机械增长的影响,两者之和便是城市人口的增长值。

自然增长是指出生人数与死亡人数的净差值。通常以一年内城市人口的自然增加数与该年平均人数(或期中人数)之比的千分率来表示其增长速度,称为自然增长率。

自然增长率=(本年出生人口数-本年死亡人口数)/年平均人口×100%

出生率的高低与城市人口的年龄构成、育龄妇女的生育率、初育年龄、人民生活水平、文化水平、传统观念和习俗、医疗卫生条件以及国家计划生育政策有密切关系,死亡率则受年龄构成、卫生保健条件、人民生活水平等因素影响。目前,我国城市人口自然增长情况,已由高出生、低死亡、高增长的趋势转变为低出生、低死亡、低增长。

机械增长是指由于人口迁移所形成的变化量,即一定时期内,迁入城市的人口与迁出城市的人口的净差值。机械增长的速度用机械增长率来表示,即一年内城市的机械增长的人口数对年平均人数(或期中人数)之千分率。

机械增长率=(本年迁入人口数-本年迁出人口数)/年平均人数×100%

人口平均增长速度(或人口平均增长率)指一定年限内,平均每年人口增长的速度,根据城市历年统计资料,可计算历年人口平均增长数和平均增长率,以及自然增长和机械增长的平均增长数和平均增长率,并绘制人口历年变动累计曲线。这对于估算城市发展规模有一定的参考价值。

(3)城市人口规模预测。城市人口规模预测是按照一定的规律对城市未来一段时间内人口发展动态所做出的判断。其基本思路是:在正常的城市化过程中,城市社会经济的发展,尤其是产业的发展对劳动力产生需求(或者认为是可以提供就业岗位),从而导致城市人口的增长。因此,整个社会的城市化进程、城市社会经济的发展以及由此而产生的城市就业岗位是造成城市人口增减的根本原因。

预测城市人口规模,既要从社会发展的一般规律出发,考虑经济发展的需求,也要考虑城市的环境容量等。

城市总体规划采用的城市人口规模预测方法主要有以下几种。

1)综合平衡法。根据城市的人口自然增长和机械增长来推算城市人口的发展规模。适用于基本人口(或生产性劳动人口)的规模难以确定的城市,需要有历年来城市人口自然增长和机械增长方面的调查资料。

2)时间序列法。从人口增长与时间变化的关系中找出两者之间的规律,建立数学公式来进行预测。这种方法要求城市人口要有较长的时间序列统计数据,而且人口数据没有大的起伏,适用于相对封闭、历史长、影响发展因素稳定的城市。

3)相关分析法(间接推算法)。找出与人口关系密切、有较长时序的统计数据,且易于把握的影响因素(如就业、产值等)进行预测。适用于影响因素的个数及作用大小较为确定的城市,如工矿城市、海港城市。

4)区位法。根据城市在区域中的地位、作用来对城市人口规模进行分析预测。如确定城市规模分布模式的"等级-大小"模式、"断裂点"分布模式。该方法适用于城镇体系发育比较完善、等级系列比较完整、接近克里斯泰勒中心地理论模式区的城市。

5)职工带眷系数法。根据职工人数与部分职工带家眷情况来计算城市人口发展规模。适用于新建的工矿小城镇。

由于事物未来发展不可预知的特性,城市总体规划中对城市未来人口规模的预测是一种建立在经验数据之上的估计,其准确程度受多方因素的影响,并且随预测年限的增加降低。因此,实践中多采用以一种预测方法为主,同时辅以多种方法校核的办法来最终定人口规模。某些人口规模预测方法不宜单独作为预测城市人口规模的方法,但可以作为校核方法使用,例如以下几种方法:

1)环境容量法(门槛约束法)。根据环境条件来确定城市允许发展的最大规模。有些城市受自然条件的限制比较大,如水资源短缺、地形条件恶劣、增加城市用地困难、断裂带穿越城市、地震威胁大、有严重的地方病等。这些问题都不是目前的技术条件所能解决的,或是要投入大量的人力和物力,由城市人口的增长而增加的经济效益低于扩充环境容量所需的成本,经济上不可行。

2)比例分配法。当特定地区的城市化按照一定的速度发展,该地区城市人口总规模基本确定的前提下,按照某一城市的城市人口占该地区城市人口总规模的比例确定城市人口规模的方法。在我国现行规划体系中,各级行政范围内城镇体系规划所确定的各个城市的城市人口规模可以看作是按照这一方法预测的。

3)类比法。通过与发展条件、阶段、现状规模和城市性质相似的城市进行对比分析,根据类比对象城市的人口发展速度、特征和规模来推测城市人口规模。

2. 城市用地规模

城市用地规模是指城市规划区内各项城市建设用地的总和,其大小通常依据已预测的城市人口以及与城市性质、规模等级、所处地区的自然环境条件,通过人均城市建设用地指标来计算。

城市人口规模不同、城市性质不同,用地规模以及各项用地的比例也存在较大的差异。为了有效地调控城市规划编制中的用地指标,《城市用地分类和规划建设用地标准》GBJ37—1990 将城市总体规划人均建设用地指标分为四级,Ⅰ级为 60.1 ~ 75.0 m²/人,Ⅱ级为 75.1 ~ 90.0 m²/人,Ⅲ级为 90.1 ~ 105.0 m²/人,Ⅳ级为 105.1 ~ 120.0 m²/人。对边

远地区和少数民族地区地多人少的城市,可根据实际情况在低于 150 m²/人的指标内确定;对其余所有的现有城市,应在现状人均建设用地水平基础上进行调整。

八、城市环境容量研究

1. 城市环境容量概念

城市环境容量,是指环境对于城市规模以及人类活动提出的限度。具体地说,城市在地域的环境,在一定的经济技术和安全卫生要求前提下,在满足城市经济、社会等各活动正常进行的前提下,通过城市的自然条件、现状条件、经济条件,社会文化历史等的共同作用,对城市建设发展规模以及人们在城市中各项活动的状况可承受的容许限度。

2. 城市环境容量的类型

城市环境容量包括城市人口容量、自然环境容量、城市用地容量以及城市工业容量交通容量和建筑容量等内容。

(1)城市人口容量。城市人口容量是指在特定时期内,城市相对持续容纳的具有一定生态环境质量和社会环境水平及具有一定活动强度的城市人口数量。城市人口容量具有三个特性:一是有限性。城市人口容量应控制在一定限度之内,否则必将以牺牲城市中人们生活的环境为代价。二是可变性。城市人口容量会随着生产力与科技水平的活动强度和管理水平而变化。三是稳定性。在一定的生产力与科学技术水平下,一定时期内,城市人口容量具有相对稳定性。

(2)城市大气环境容量。城市大气环境容量是指在满足大气环境目标值(即能维持生态平衡及不超过人体健康阈值)的条件下,某区域大气环境所能承受污染物的最大能力,或允许排放污染物的总量。

(3)城市水环境容量。城市水环境容量是指在满足城市用水以及居民安全卫生使用城市水资源的前提下,城市区域水资源环境所能承纳的最大污染物质的负荷量。水环境容量与水体的自净能力和水质标准有密切的关系。

3. 城市环境容量的制约条件

(1)城市自然条件。自然条件是城市环境容量中最基本的因素,包括地质、地形水文及水文地质、气候、矿藏、动植物等条件的状况及特征。由于现代科学技术的高度发展,人们改造自然的能力越来越强,容易使人们轻视自然条件在城市环境容量中的作用地位,但其基本作用仍然不可忽视。

(2)城市现状条件。城市的各项物质要素的现有构成状况对城市发展建设及人们活动都有一定的容许限度。此方面的条件包括工业、仓库、生活居住、公共建筑、基础设施、郊区供应等综合起来的现状城市用地容量,在城市现状条件中,城市基础设施能源、交通运输、通信、给排水设施等方面的建设是社会物质生产以及其他社会活动基础,基础设施的规模量对整个城市环境容量有重要的制约作用。

(3)经济技术条件。城市拥有的经济技术条件对城市发展规模也提出容许限度。一个城市所拥有的经济技术条件越雄厚,它所拥有的改造城市环境的能力就越大。

(4)历史文化条件。城市中历史文化的存在,对城市环境容量产生很大影响,城市建设和现代化进程对城市遗留的历史文化的"侵扰",破坏了历史环境,促使越发强烈地意识到历史文化遗产保护的重要性,由此对城市环境容量的影响也随之加大。

九、城市总体规划其他专题研究

城市总体规划的专题研究是针对规划编制过程中所面对或需要解决的问题而进行的研究。这类研究通常都是寻找针对具体问题的对策,是城市总体规划编制工作进一步开展的基础。通过专题研究,为编制城市总体规划时对这些问题的解决提供依据,同时可以使规划编制过程更加科学和合理。一般来说,城市总体规划编制中的专题研究通常需要综合运用其他专业的知识(例如经济学、社会学、工程学等专业)。专题研究的本质上就是多学科的,因为对任何需要解决的问题都应把不同学科的有用之处组织在一起,从而为具体的行动提出对策或建议。

城市总体规划的专题研究根据各个城市的具体情况和具体要求而确定,除了对城市性质、规模、发展方向等进行专题研究外,有的城市在总体规划阶段,还进行其他多项专题研究,包括城市发展的区域研究、产业发展战略研究、城市现代化的目标模式与建设指标体系研究、远景规划模式研究与比较、城市基础设施发展策略研究、城市用地的策略研究、对外交通系统研究、城市住房与居住环境质量的研究、城市景观和城市设计研究、总体规划编制与实施的研究等。这些研究覆盖了城市总体规划中所涉及的主要内容和特别需要关注的重大问题,为城市总体规划编制的合理和科学性提供依据。

第五节　城市总体规划成果

一、城市总体规划文本内容与深度要求

城市总体规划文本是对规划的各项目标和内容提出规定性要求的文件,采用条文形式文本格式和文字应规范、准确,利于具体操作。在规划文本中应当明确表述规划的主要内容。

1. 总则

规划编制的背景、目的、基本依据、规划期限、城市规划区、适用范围以及执行主体。

2. 城市发展目标

社会发展目标、经济发展目标、城市建设目标、环境保护目标。

3. 市域城镇体系规划

市域城乡统筹发展战略;市域空间管制原则和措施;城镇发展战略及总体目标、城镇化水平;城镇职能分工、发展规模等级、空间布局;重点城镇发展定位及其建设用地控制范围;区域性交通设施、基础设施、环境保护、风景旅游区的总体布局。

4. 城市性质与规模

城市职能;城市性质;城市人口规模;中心城区空间增长边界;城市建设用地规模。

5.城市总体布局

城市用地选择和空间发展方向；总体布局结构；禁建区、限建区、适建区和已建区范围及其空间管制措施；规划建设用地范围和面积，用地平衡表；土地使用强度管制区划及其他控制指标。

6.综合交通规划

对外交通：对外货运枢纽、铁路线路和站场用地范围、等级、通行能力；江、海、河港码头、货场及疏港交通用地范围；航空港用地范围及交通联结；公路与城市交通的联系，长途客运枢纽站的用地范围；管道运输线路走向及用地控制。

城市道路系统：城市快速路及主、次干路系统布局；重要桥梁、立体交叉口、主要广场、停车场位置。

公共交通：公交政策、公共客运交通和公交线路、站场分布；地铁、轻轨线路建设安排；客运换乘枢纽布局。

7.公共设施规划

市级和区级公共中心的位置和规模；行政办公、商业金融、文化娱乐、体育、医疗卫生、教育科研、市场、宗教等主要公共服务设施位置和范围。

8.居住用地规划

住房政策；居住用地结构；居住用地分类、建设标准和布局（包括经济适用房、普通商品住房等满足中低收入人群住房需求的居住用地布局）、居住人口容量、配套公共服务设施位置和规模。

9.绿地系统规划

绿地系统发展目标；各种功能绿地的保护范围（绿线）；河湖水面的保护范围（蓝线）；绿地指标；市、区级公共绿地及防护绿地、生产绿地布局；岸线使用原则。

10.历史文化保护

城市历史文化保护及地方传统特色保护的原则、内容和要求；历史文化街区、历史建筑保护范围（紫线）；各级文物保护单位的范围；重要地下文物埋藏区的保护范围；重要历史文化遗产的修整、利用；特色风貌保护重点区域范围及保护措施。

11.旧区改建与更新

旧区改建原则；用地结构调整及环境综合整治；重要历史地段保护。

12.中心城区村镇发展

村镇发展与控制的原则和措施；需要发展的村庄；限制发展的村庄；不再保留的村庄；村镇建设控制标准。

13.给水工程规划

用水量标准和总用水量；水源地选择及防护措施，取水方式，供水能力，净水方案输水管网及配水干管布置，加压站位置和数量。

14.排水工程规划

排水体制；污水排放标准，雨水、污水排放总量，排水分区；排水管、渠系统规划布局，主要泵站及位置；污水处理厂布局、规模、处理等级以及综合利用的措施。

15. 供电工程规划

用电量指标,总用电负荷,最大用电负荷、分区负荷密度;供电电源选择;变电站位置、变电等级、容量,输配电系统电压等级、敷设方式;高压走廊用地范围、防护要求。

16. 电信工程规划

电话普及率、总容量;邮政设施标准、服务范围、发展目标,主要局所网点布置通信设施布局和用地范围,收发讯区和微波通道的保护范围;通信线路布置、敷设方式。

17. 燃气工程规划

燃气消耗水平,气源结构;燃气供应规模,供气方式;输配系统管网压力等级、管网系统;调压站、灌瓶站、贮存站等工程设施布置。

18. 供热工程规划

采暖热指标、供热负荷、热源及供热方式;供热区域范围、热电厂位置和规模;热力网系统、敷设方式。

19. 环境卫生设施规划

环境卫生设施布置标准;生活废弃物总量,垃圾收集方式、堆放及处理、消纳场所的位置及布局;公共厕所布局原则;垃圾处理厂位置和规模。

20. 环境保护规划

生态环境保护与建设目标;有关污染物排放标准;环境功能分区;环境污染的防护治理措施。

21. 综合防灾规划

防洪:城市需设防地区(防江河洪水、防山洪、防海潮、防泥石流)范围,设防等级、防洪标准;设防方案,防洪堤坝走向,排洪设施位置和规模;排涝防渍的措施。抗震:城市设防标准;疏散场地通道规划;生命线系统保障规划。消防:消防标准;消防站及报警、通信指挥系统规划;机构、通道及供水保障规划。

22. 地下空间利用及人防规划

人防工程建设的原则和重点;城市总体防护布局;人防工程规划布局;交通、基础设施的防空、防灾规划;贮备设施布局;地下空间开发利用(平战结合)规划。

23. 近期建设规划

近期发展方向和建设重点;近期人口和用地规模;土地开发投放量;住宅建设、公共设施建设、基础设施建设。

24. 规划实施

实施规划的措施和政策建议。

25. 附则

说明文本的法律效力、规划的生效日期、修改的规定以及规划的解释权。

二、城市总体规划主要图纸内容与深度要求

(1)市域城镇分布现状图:图纸比例为1:50 000~1:200 000,标明行政区划、城镇分布、城镇规模、交通网络、重要基础设施、主要风景旅游资源、主要矿藏资源。

(2)市域城镇体系规划图:图纸比例为1:5000~1:20 000,标明行政区划、城镇分

布、城镇规模、城镇等级、城镇职能分工、市域主要发展轴(带)和发展方向、城市规划区范围。

(3)市域基础设施规划图:图纸比例为1∶50 000～1∶200 000,标明市域交通、通信、能源、供水、排水、防洪、垃圾处理等重大基础设施,重要社会服务设施,危险品生产储存设施的布局。

(4)市域空间管制图:图纸比例为1∶5000～1∶20 000,标明风景名胜区、自然保护、基本农田保护区、水源保护区、生态敏感区的范围,重要的自然和历史文化遗产位置和范围、市域功能空间区划。

(5)城市现状图:图纸比例为1∶5000～1∶25 000,标明城市主要建设用地范围、主要干路以及重要的基础设施、需要保护的风景名胜、文物古迹、历史地段范围、风玫瑰、主要地名和主要街道名称。

(6)城市用地工程地质评价图:图纸比例为1∶5000～1∶25 000,标明潜在地质灾害空间分布和强度划分、按防洪标准频率绘制的洪水淹没线、地下矿藏和地下文物埋藏范围、用地适宜性区划(包括适宜、不适宜和采取工程措施方能修建地区的范围)。

(7)中心城区四区划定图:图纸比例为1∶500～1∶2500,标明禁建、限建区和已建区范围。

(8)中心城区土地使用规划图:图纸比例为1∶5000～1∶25 000,标明建设用地、农业用地、生态用地和其他用地范围。

(9)城市总体规划图:图纸比例为1∶5000～1∶25 000,标明中心城区空间增长边界和规划建设用地范围,标注各类建设用地空间布局、规划主要干路、河湖水面、重要的对外交通设施、重大基础设施。

(10)居住用地规划图:图纸比例为1∶5000～1∶25 000,标明居住用地分类和布局(包括经济适用房、普通商品住房等满足中低收入人群住房需求的居住用地布局)、居住人容量、配套公共服务设施位置。

(11)绿地系统规划图:图纸比例为1∶500～1∶2500,标明各种功能绿地的保护范围(绿线)、河湖水面的保护范围(蓝线)、市区级公共绿地、苗圃、花圃、防护林带、林地及市区内风景名胜区的位置和范围。

(12)综合交通规划图:图纸比例为1∶5000～1∶25 000,标明主次干路走向、红线宽度、道路横断面、重要交叉口形式;重要广场、停车场、公交停车场的位置和范围;铁路线路及站场、公路及货场、机场、港口、长途汽车站等对外交通设施的位置和用地范围。

(13)历史文化保护规划图:图纸比例为1∶5000～1∶2500,标明历史文化街区历史建筑保护范围(紫线)、各级文物保护单位的位置和范围、特色风貌保护重点区域范围。

(14)旧区改建规划图:图纸比例为1∶5000～1∶2500,标明旧区范围、重点处理地段用地性质、改造分区、拓宽的道路性质。

(15)近期建设规划图:图纸比例为1∶5000～1∶2500,标明近期建设用地范围和用地性质、近期主要新建和改建项目位置和范围。

(16)其他专项规划图纸:图纸比例为1∶5000～1∶2500,包括给水工程规划图、排水工程规划图、供电工程规划图、电信工程规划图、供热工程规划图、燃气工程规划图、环境卫生设施规划图、环境保护规划图、防灾规划图、总体规划附件内容与深度要求、城市地下空间利用规划图等。

三、城市总体规划附件内容与深度要求

城市总体规划附件包括规划说明、专题研究报告和基础资料汇编。

1. 规划说明

规划说明书是对规划文本的具体解释,主要是分析现状,论证规划意图,解释规划文本。规划说明书的具体内容包括:城市基本情况;对上版总体规划的实施评价;规划编制背景、依据、指导思想;规划技术路线;社会经济发展分析;市域城乡统筹发展战略;市域空间管制原则和措施;市域交通发展策略;市域城镇规划体系内容;城市规划区范围;城市发展目标;城市性质和规模;中心城区禁建区、限建区、适建区和已建区范围及空间管制措施;城市发展方向;城市总体布局;中心城区建设用地、农业用地、生态用地和其他用地规划;建设用地的空间布局及土地使用强度管制区划;综合交通规划;绿地系统规划;市政工程规划;环境保护规划;综合防灾规划;地下空间开发利用的原则和建设方针;近期建设规划;规划实施步骤、措施和政策建议等内容。

2. 相关专题研究报告

针对总体规划重点问题、重点专项进行必要的专题分析,提出解决问题的思路、方法和建议,并形成专题研究报告。

3. 基础资料汇编

规划编制过程中所采用的基础资料整理与汇总。

四、城市总体规划强制性内容

1. 确定规划强制性内容的意义和原则

(1)确定规划强制性内容的意义。省域城镇体系规划、城市规划和镇规划涉及政治、经济、文化和社会等各个领域,内容比较综合。为了加强规划的实施及其监督,《城乡规划法》把规划中涉及区域协调发展、资源利用、环境保护、风景名胜资源管理、自然与文化遗产保护、公众利益和公共安全等方面的内容规定为强制性内容。确定规划的强制性内容,是为了加强上下规划的衔接,确保规划内容得到有效落实,确保城乡建设发展能够做到节约资源,保护环境,和谐发展,促进城乡经济社会可持续发展,并且能够以此为依据对规划的实施进行监督检查。规划的强制性内容具有以下几个特点:一是规划强制性内容具有法定的强制力,必须严格执行,任何个人和组织都不得违反;二是下位规划不得擅自违背和变更上位规划确定的强制性内容;三是涉及规划强制性内容的调整,必须按照法定的程序进行。

(2)确定规划强制性内容的原则。一是强制性内容必须落实上级政府规划管理的约束性要求。二是强制性内容应当根据各地具体情况和实际需要,实事求是地加以确定。既要避免遗漏有关内容,又要避免将无关的内容确定为强制性内容。三是强制性内容的表述必须明确、规范,符合国家有关标准。

2.城市总体规划强制性内容

（1）城市规划区范围；风景名胜区，自然保护区，湿地、水源保护区和水系等生态敏感区以及基本农田，地下矿产资源分布地区等市域内必须严格控制的地域范围。

（2）规划期限内城市建设用地的发展规模，根据建设用地评价确定的土地使用限制性规定；城市各类绿地的具体布局。

（3）城市基础设施和公共服务设施用地。包括：城市主干路的走向、城市轨道交通的线路走向、大型停车场布局；取水口及其保护区范围、给水和排水主管网的布局；电厂与大型变电站位置、燃气储气罐站位置、垃圾和污水处理设施位置；文化、教育、卫生、体育和社会福利等主要公共服务设施的布局。

（4）自然与历史保护。包括：历史文化名城保护规划确定的具体控制指标和规定；历史文化街区、各级文物保护单位、历史建筑群、重要地下文物埋藏区的保护范围和界线等。

（5）城市防灾减灾。包括：城市防洪标准、防洪堤走向；城市抗震与消防疏散通道城市人防设施布局；地质灾害防护；危险品生产储存设施布局等内容。

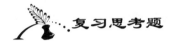复习思考题

1.总体规划的要点有哪些？

2.城市总体规划如何与城市发展相结合？

3.结合所处地区，进行分析总体规划的优缺性。

第六章 城市详细规划

第一节 控制性详细规划编制

一、控制性详细规划的概述

控制性详细规划是以总体规划(或分区规划)为依据,以规划的综合性研究为基础,以数据控制和图纸控制为手段,以规划设计与管理相结合的法规为形式,对城市用地建设和设施建设实施控制性的管理,把规划研究、规划设计与规划管理结合在一起的规划方法。

控制性详细规划的基本特点:一是"地域性",规划的内容和深度应适应规划地段的特点,保证地段及其周围地段的整体协调性;二是"法制化管理",控制性详细规划是规划与管理的结合,是由技术管理向法治管理的转变,编制要保持一定的简洁性,编导要有一定的程序性和易查性。

二、控制性详细规划的基础理论

(一)控制性详细规划的发展历程

控制性详细规划是借鉴了美国区划的经验,结合我国的规划实践逐步形成的具有中国特色的规划类型。

(1)从产生到规范。

(2)不断的变革与探索。主要有两个方面:一是对控制性规划的法制化的努力;二是对控制性详细规划在城市设计方面的控制。

(3)新时期的发展趋势。主要体现在三个方面:一是对控制性详细规划的分区划定与用地编码进行规范;二是在《城市规划编制办法》的基础上,进一步详细明确编制内容与编制方式,提供主要控制指标的赋值参考标准;三是规范控制性详细规划成果的统一格式、制图规范和数据标准。

(二)控制性详细规划的地位与作用

1.控制性详细规划的地位

在我国的规划体系中,控制性详细规划是城市总体规划与建设实施之间从战略性控制到实施性控制的编制层次。控制性详细规划是实现总体规划意图,并对建设实施起到

具体指导的作用,同时成为城市规划主管部门依法行政的依据。

2.控制性详细规划的作用

(1)是规划与管理、规划与实施之间衔接的重要环节。

(2)是宏观与微观、整体与局部有机衔接的关键层次。

(3)是城市设计控制与管理的重要手段。

(4)是协调各利益主体的公共政策平台。

(三)控制性详细规划的基本特征

(1)通过数据控制落实规划意图。

(2)具有法律效应和立法空间。控制性详细规划作为法定规划,法律效应是其基本特征。控制性详细规划是城市总体规划宏观法律效应向微观法律效应的拓展。

(3)横向综合性的规划控制汇总。

(4)刚性与弹性相结合的控制方式。刚性与弹性相结合的控制方式适应我国开发申请的。审批方式为通则式与判例式相结合的特点。

三、控制性详细规划编制内容

(1)确定规划范围内不同性质用地的界线确定各类用地内适建、不适建或者有条件允许建设的建筑类型。

(2)确定各地块建筑高度、建筑密度、容积率、绿地率等控制指标;确定公共设施配套要求、交通出入口方位停车泊位、建筑后退红线距离等要求。

(3)提出各地块的建筑体量、体型、色彩等城市设计指导原则。

(4)根据交通需求分析,确定地块出入口位置、停车泊位、公共交通场站用地范围和站点位置、步行交通以及其他交通设施。规定各级道路的红线断面、交叉口形式及渠化措施、控制点坐标和标高。

(5)根据规划建设容量,确定市政工程管线位置、管径和工程设施的用地界线,进行管线综合。确定地下空间开发利用具体要求。

(6)制定相应的土地使用与建筑管理规定。

四、控制性详细规划的编制方法与要求

(一)控制性详细规划的编制的工作步骤

1.现状调研与前期研究

现状调研与前期研究包括上一层次规划即城市总体规划或分区规划对控规的要求,其他非法定规划提出的相关要求等。

(1)基础资料搜集的基本内容。已经批准的城市总体规划、分区规划的技术文件及相关规划成果;地方法规、规划范围已经编制完成的各类详细规划及专项规划的技术文件;准确反映近期现状的地形图;规划范围现状人口详细资料;土地使用现状资料,规划范围及周边用地情况,土地产权与地籍资料;道路交通现状资料及相关规划资料;市政工程管线现状资料及相关规划资料;公共安全及地下空间利用现状资料;建筑现状资料;土地

经济等现状资料;其他相关(城市环境、自然条件、历史人文、地质灾害等)现状资料。

(2)分析研究的基本要求。在详尽的现状调研基础上,梳理地区现状特征和规划建设情况,发现存在问题并分析其成因,提出解决问题的思路和相关规划建议。从内因、外因两方面分析地区发展的优势条件与制约因素,分析可能存在的威胁与机会,对现有重要城市公共设施、基础设施、重要企事业单位等用地进行分析论证,提出可能的规划调整动因、机会和方式。

2. 规划方案与用地划分

通过深化研究和综合,对编制范围的功能布局、规划结构、公共设施、道路交通、历史文化环境、建筑空间体型环境、绿地景观系统、城市设计以及市政工程等方面,依据规划原理和相关专业设计要求做出统筹安排,形成规划方案。

在规划方案的基础上进行用地细分,一般细分到地块,成为控制性详细规划实施具体控制的基本单位。

用地细分应适应市场经济的需要,适应单元开发和成片建设等形式,可进行弹性合并。用地细分应与规划控制指标刚性链接,具有相当的针对性,应提出控制指标做相应调整的要求,以适应用地细分发生合并或改变时的弹性管理需要。

3. 指标体系与指标确定

综合控制指标体系是控制性详细规划编制的核心内容之一。综合控制指标体系中必须包括编制办法中规定的强制性内容。

指标确定一般采用四种方法:测算法,由研究计算得出;标准法,根据规范和经验确定;类比法,借鉴同类型城市和地段的相关案例比较总结;反算法,通过试做修建规划和形体设想方案估算。

4. 成果编制

按照编制办法的相关规定编制规划图纸、分图控制图则、文本和管理技术规定,形成规划成果。

(二)控制性详细规划的控制方式

1. 指标量化

指标量化控制是指通过一系列控制指标对用地的开发建设进行定量控制,如容积率、建筑密度、建筑高度、绿地率等。这种方法适用于城市一般建设用地的规划控制。

2. 条文规定

条文规定是通过对控制要素和实施要求的阐述,对建设用地实行的定性或定量控制。这种方法适用于规划用地的使用说明,开发建设的系统性控制要求以及规划地段的特殊要求。

3. 图则标定

图则标定是在规划图纸上通过一系列的控制线和控制点对用地、设施和建设要求进行的定位控制。这种方法适用于对规划建设提出具体的定位的控制。

4. 城市设计引导

城市设计引导是通过一系列指导性的综合设计要求和建议,甚至具体的形体空间设计示意,为开发控制提供管理准则和设计框架。这种方法宜于在城市重要的景观地带和

历史保护地带,为获得高质量的城市空间环境和保护城市特色时采用。

5. 规定性与指导性

控制性详细规划的控制内容分为规定性和指导性两大类。规定性是在实施规划控制和管理时必须遵守执行的,体现为一定的"刚性"原则,如用地界线、用地性质、建筑密度限高、容积率、绿地率、配建设施等。

指导性内容是在实施规划控制和管理时需要参照执行的内容,这部分内容多为引导性和建议性,体现为一定的弹性和灵活性,如人口容量、城市设计引导等内容。

五、控制性详细规划的控制体系与要素

控制性详细规划的核心内容就是控制指标体系的确定,包括控制内容和控制方法两个方面。根据规划编制办法、规划管理需要和现行的规划控制实践,控制指标体系由土地使用、建筑建造、配套设施控制、行为活动等四方面的内容组成。

(一)土地使用

1. 土地使用控制

(1)用地性质

用地性质是对地块主要使用功能和属性的控制。用地性质采用代码方式标注。

(2)用地使用兼容

用地使用兼容是确定地块主导用地属性,在其中规定可以兼容、有条件兼容、不允许兼容的设施类型。一般通过用地与建筑兼容表实施控制。

(3)用地边界

用地边界指用地红线,是对地块界限的控制,具有单一用地性质,应充分考虑产权界限的关系。

(4)用地面积

用地面积是规划地块用地边界内的平面投影面积,单位:hm^2。

居住用地细分可根据实际情况以街坊、组团或小区为基本单位,一般在城市中心地段宜以街坊、组团为单位,在城市周边区域宜以居住小区为单位。工业用地细分应适应不同的产业发展需要,适应工业建筑布局特点,便于合并与拆分。

2. 使用强度控制

(1)容积率

容积率是控制地块开发强度的一项重要指标,也称楼板面积率或建筑面积密度,其计算方法是地块内建筑总面积与地块用地面积的比值,英文缩写 FAR。

地块容积率一般采取上限控制的方式,保证地块的合理使用和良好的环境品质。必要时可以采取下限控制,以保证土地的集约使用的要求。

(2)建筑密度

建筑密度是控制地块建设容量与环境质量的重要指标,其计算方法是地块内所有建筑基底块用地面积的百分比单位:%。

底块建筑密度一般采取上限控制的方式,必要时可采用下限控制方式,以保证土地集

约使用的要求。

（3）人口密度

人口密度是单位居住用地上容纳的人口数，是指总居住人口数与地块面积的比率，单位也常采用人口总量的控制方法。

人口密度的控制是衡量城市居住环境品质的一项重要指标。街坊或地块的人口容量控制要求一般采用上限控制方式，必要情况下可采用上、下限同时控制的方式。

（4）绿地率

绿地率是衡量地块环境质量的重要指标，是指地块内各类绿地面积总和与地块用地面积的百分比，单位：％。绿地率一般采用下限指标的控制方式。

（二）建筑建造

1. 建筑建造控制

（1）建筑高度

建筑高度指地块内建筑地面上的最大高度限制，也称建筑限高，单位：m。地块建筑高度的限定应综合考虑地块区位、用地性质、建筑密度、建筑间距、容积率、绿地率、历史保护、城市设计要求、环境要求等因素，并保证公平、公正。建筑限高应重点考虑城市景观效果、建筑体形效果之间的关系，保证其可操作性。

（2）建筑后退

建筑后退指建筑控制线与规划地块边界之间的距离，单位：m。城市设计中的街道景观与街道尺度控制要求、日照、防灾、建筑设计规范的相关要求一般为建筑后退的直接依据。

（3）建筑间距

建筑间距是指地块内建（构）筑物之间以及与固边建（构）筑物之间的水平距离要求，单位：m。日照标准、防火间距、历史文化保护要求、建筑设计相关规范等一般应作为建筑间距确定的直接依据。

2. 城市设计引导

（1）建筑体量

建筑体量指建筑在空间上的体积，包括建筑的横向尺度、竖向尺度和建筑形体控制等方式，一般采取建筑面宽、平面与立面对角线尺寸、建筑体形比例等提出相应的控制要求和控制。

（2）建筑形式

建筑形式指对建筑风格和外在形象的控制。建筑形式一般通过针对结构形式、立面形式、开窗比例、屋顶形式、建筑材质等提出相关的控制引导内容。

（3）建筑色彩

建筑色彩指对建（构）筑物色彩提出的相关控制要求。一般是从色调、明度与彩度、基调与主色、墙面与屋顶颜色等方面进行控制与引导。除非有特殊的要求，建筑色彩不宜控制过于具体，应具有相当的灵活性和发挥空间。

（4）空间组合

空间组合是指对建筑群体环境做出的控制与引导，即对由建筑实体围合成的城市空

间环境及周边其他环境要求提出的控制引导原则。该控制要求应以城市设计研究作为基础,根据必要性与可操作性提出相应的控制要求,并强调其引导性,保持相当的弹性空间。除非有特殊要求,一般建筑空间组合方式不作为主要的控制指标。

(5)建筑小品

建筑小品指对建设用地中建筑绿化小品、广告、标识、街道家具等提出的控制引导要求。在规划编制时应以引导为主、控制适度为原则体现设计控制内容而非取代具体的环境设计。

(三)设施配套

配套设施控制是对居住、商业、工业、仓储、交通等用地上的公共设施和市政配套设施提出的定量、定位的配置要求,是城市生产、生活正常进行的基础,是对公共利益的有效维护与保障。一般包括公共设施配套和市政公用设施配套两部分内容。

1. 公共设施配套

公共设施配套指城市中各类公共服务设施配建要求,主要包括需要政府提供配套建设的公益性设施。公共设施配套一般应根据城市总体规划以及相关部门的专项规划予以落实,特别应强调对于公益型设施的控制与保障。

2. 市政设施配套

市政设施一般都为公益性设施。市政设施配套控制应根据城市总体规划、市政设施系统规划,综合考虑建筑容量、人口容量等因素确定。

(四)行为活动

行为活动控制是对建设用地内外的各项活动、生产、生活行为等外部环境影响提出的控制要求,主要包括交通活动控制和环境保护规定两个方面。

1. 交通活动控制

(1)车行交通组织

车行交通组织是对街坊或地块提出的车行交通组织要求。车行交通组织一般应根据区位条件、城市道路系统、街坊或地块的建筑容量与人口容量等条件提出控制与组织要求。

(2)步行交通组织

步行交通组织是对街坊或地块提出的步行交通组织要求。步行交通组织应根据城市交通组织、城市设计与环境控制、城市公共空间控制等提出相应的控制要求。

(3)公共交通组织

公共交通组织是对街坊或地块提出的公共交通组织要求。公共交通组织应根据城市道路系统、公共交通与轨道交通系统、步行交通组织提出相应的公共交通控制要求。一般应包括公交场站位置、公交站点布局与公交渠化等内容。

(4)配建停车位

配建停车位是对地块配建停车车位数量的控制。配建停车位的控制一般根据地块的性质、建筑容量确定,配建停车位一般采取下限控制方式,在深入研究地方规划交通政策的基础上,针对特殊地段可采用上、下限同时控制的方式,必要情况下可提出提供公共停车位的奖励措施。

2.环境保护规定

环境保护控制是通过限定污染物的排放标准、防治在生产建设或其他活动中产生的废气、噪声等对环境的污染和侵害,达到环境保护的目的。

环境保护规定主要依据总体规划、环境保护规划、环境区划或相关专项规划结合地方环保部门的具体要求制定。

六、控制性详细规划的成果要求

(一)规划成果内容

控制性详细规划成果包括规划文本图件和附件。

(二)深度要求

控制性详细规划成果的表达深度应满足以下三个方面的要求:

(1)深化和细化城市总体规划,将规划意图与规划指标分解落实到街坊地块的控制性引导之中,保证城市规划系统控制的要求。

(2)控制性详细规划在进行项目开发建设行为的控制引导时,将控制条件、控制指标以及具体的控制引导要求落实到相应的开发地块上,作为土地出让条件。

(3)所规定的控制指标和各项控制要求可以为具体项目的修建性详细规划、具体的建筑设计或景观设计等个案建设提供规划设计条件。

(三)规划文本内容和深度要求

1.总则

阐明规划编制的目的、规划依据与原则、规划范围与概况适用范围、主管部门与管理权限。

2.土地使用和建筑规划管理通则

用地分类标准原则与说明:规定土地使用的分类标准,一般按国标《城市建设用地分类与规划建设用地标准》GB 137—1990 说明规划范围中的用地类型,并阐明哪些细分到中类哪些细分至小类,新的用地类型或细分小类应加以说明。

用地细分标准、原则与说明:对规划范围内用地细分标准与原则进行说明,其内容包括划分层次、用地编码系统、细分街坊与地块的原则,不同用地性质和使用功能的地块规模大小标准等。

控制指标系统说明:阐述在规划控制中采用哪些控制指标,区分规定性指标和引导性指标。说明控制方法、控制手段以及控制指标的一般性通则规定或赋值标准。

各类用地的一般控制要求:阐明规划用地结构与规划布局,各类用地的功能分布特征;用地与建筑兼容性规定及适建要求;混合使用方式与控制要求;建设容量(容积率、建筑面积、建筑密度、绿地率、空地率、人口容量等)一般控制原则与要求;建筑建造(建筑间距、后退红线、建筑高度、体量、形式、色彩等)一般控制原则与要求。

道路交通系统的一般控制规定:明确道路交通规划系统与规划结构、道路等级标准,提出(道路红线、交通设施、车行、步行、公交、交通渠化配建停车等)一般控制原则与

要求。

配套设施的一般控制规定:明确公共设施系统、各市政工程设施系统(给水、排水、供电、电信、燃气、供热等)的规划布局与结构,设施类型与等级,提出公共服务设施配套要求,市政工程设施配套要求及一般管理规定;提出城市环境保护、城市防灾(公共安全、抗震、防火、防洪等)、环境卫生等设施的控制内容以及一般管理规定。

其他通用性规定:规划范围内的"五线"(道路红线、绿地绿线、保护紫线、河湖蓝线、设施黄线)的控制内容、控制方式、控制标准以及一般管理规定;历史文化保护要求及一般管理规定;竖向设计原则、方法、标准以及一般性管理规定;地下空间利用要求;根据实际情况和规划管理需要提出的其他通用性规定。

3. 城市设计引导

城市设计系统控制:根据城市设计研究,提出城市设计总体构思、整体结构框架,落实上位规划的相关控制内容;阐明规划格局、城市风貌特征、城市景观、城市设计系统控制的相关要求和一般性管理规定。

具体控制与引导要求:根据片区特征、历史文化背景和空间景观特点,对城市广场、绿地、滨水空间、街道、城市轮廓线、景观视廊、标志性建筑、夜景、标识等空间环境要素提出相关控制引导原则与管理规定;提出各功能空间(商业、办公、居住、工业)的景观风貌控制引导原则与管理规定。

4. 关于规划调整的相关规定

调整范畴:明确界定规划调整的含义范畴,规定调整的类型、等级、内容区分与相关的调整方式。

调整程序:明确规定不同的调整内容需要履行的相关程序,一般应包括规划的定期或不定期检讨、规划调整申请、论证、公众参与、审批、执行等程序性规定。

调整的技术规范:明确规划调整的内容、必要性、可行性论证、技术成果深度、与原规划的承接关系等技术方法、技术手段以及所采用的技术标准。

5. 奖励与补偿的相关措施与规定

奖励与补偿规定:对老城区公共资源缺乏的地段,以及有特殊附加控制与引导内容的地区,提出规划控制与奖励的原则、标准和相关管理规定。

6. 附则

阐明规划成果组成、使用方式、规划生效、解释权、相关名词解释等。

规划成果组成与使用方式:说明规划成果的组成部分、规划成果的内容之间的关系,阐明如何使用、查询方法与法律效力等内容。

规划生效与解释权:说明规划成果在何种条件下以及何时生效,在实施过程中,对于具体问题的协调解释的执行主体。

相关名词解释:对控制性详细规划文本中所使用的名词、术语等内容给出简明扼要的定义内涵、使用方式等方面的必要解释。

7. 附表

附表一般应包括《用地分类一览表》《现状与规划用地平衡表》《土地使用兼容控制表》《地块控制指标一览表》《公共服务设施规划控制表》《市政公用设施规划控制表》《各

类用地与设施规划建筑面积汇总表》以及其他控制与引导内容或执行标准的控制表。

（四）规划图纸内容与深度要求

图件由图纸和图则两部分组成。

1.规划图纸

位置图（比例不限）：反映规划范围及位置，与城市重要功能片区、组团之间的区位关系，周围城市道路走向，毗邻用地关系等。

现状图（1∶2000～1∶5000）：标明自然地貌、各类用地范围和产权界限、用地性质、现状建筑质量等内容。

用地规划图（1∶2000～1∶5000）：标明各类用地细分边界，用地性质等内容。用地规划图应与现状图比例一致。

道路交通规划图（1∶2000～1∶5000）：标明规划范围内道路分级系统、内外道路衔接道路横断面、交通设施、公交系统、步行系统、交通流线组织、交通渠化、主要控制点坐标、标高等。

绿地景观规划图（1∶200～1∶5000）：标明不同等级和功能的绿地、开敞空间、公共空间、视廊、景观节点特色风貌区、景观边界、地标、景观要素控制等内容。

多工度管线规划图（1∶2000～1∶5000）：标明各类市政工程设施源点、管线布置、管径、路由、走廊、管网平面综合与竖向综合等内容。

其他相关规划图纸（1∶2000～1∶5000）：根据具体项目要求和控制必要性，可增加绘制相关规划图纸，如开发强度区划图、建筑高度区划图、历史保护规划图、竖向规划图、地下空间利用规划图等。

2.规划图则

用地编码图（1∶2000～1∶5000）：标明各片区、单元、街区、街坊、地块的划分界限，并编制统一的可以与周边地段衔接的用地编码系统。

总图则（1∶2000～1∶5000）：各项控制要求汇总图，一般应包括地块控制总图则、设施控制总图则、"五线"控制总图则。总图则应重点体现控制性详细规划的强制性内容。

地块控制总图则：标明规划范围内各类用地的边界，并标明每个地块的主要控制指标。需标明的控制指标一般应包括地块编号、用地性质代码、用地面积、容积率、建筑密度、建筑限高。

设施控制总图则：应标明各类公益性公共服务设施、市政工程设施、交通设施的位置、界高、绿地率等强制性内容。

"五线"控制总图则：根据相关标准与规范绘制红线、绿线、紫线、蓝线、黄线等控制界限或布点等内容。

分图图则（1∶500～1∶2000）：规划范围内针对街坊或地块分别绘制的规划控制图则，应全面系统地反映规划控制内容，并明确区分强制性内容。

分图图则的图幅大小、格式、内容深度、表达方式应尽量保持一致。根据表达内容的多少，可将控制内容分类整理，形成多幅图则的表达方式，一般可分为用地控制分图则、城市设计指引分图则等。

（五）附件的内容与深度要求

（1）规划说明书：对规划背景、规划依据、原则与指导思想、工作方法与技术路线、现状分析与结论、规划构思、规划设计要点、规划实施建议等内容做系统详尽的阐述。

（2）相关专题研究报告：针对规划重点问题、重点区段、重点专项进行必要的专题分析，提出解决问题的思路、方法和建议，并形成专题研究报告。

（3）相关分析图纸：规划分析、构思、设计过程中必要的分析图纸，比例不限。

（4）基础资料汇编：规划编制过程中所采用的基础资料整理与汇总。

（六）控制性详细规划的强制性内容

根据建设部《城市规划强制性内容暂行规定》，城市规划强制性内容，是指省域城镇体系规划、城市总体规划、城市详细规划中涉及区域协调发展、资源利用、环境保护、风景名胜资源管理、自然与文化遗产保护、公众利益和公共安全等方面的内容。

实施的《城市规划编制办法》规定：控制性详细规划确定的规划地段地块的土地用途、容积率、建筑高度、建筑密度、绿化率、公共绿地面积、规划地段基础设施公共服务设施配套建设的规定等应当作为强制性内容。

第二节　修建性详细规划

一、修建性详细规划的地位与作用

修建性规划主要承担描绘城市局部地区开发建设蓝图的职责，具有不可替代的作用。修建性详细规划的作用是按照城市总体规划、分区规划以及控制性详细规划的指导、控制和要求以城市中准备实施开发建设的待建地区为对象对其中的各项物质要素进行统一的空间。

二、修建性详细规划的基本特点

（1）以具体、详细的建设项目为对象，实施性较强。

（2）通过形象的方式表达城市空间与环境。

（3）多元化的编制主体。修建性详细规划的编制主体不仅限于城市政府，根据开发建设项目主体的不同而异，也可以是开发商或者是拥有土地使用权的业主。

三、修建性详细规划的编制内容与要求

（一）修建性详细规划编制的基本原则

（1）我国的修建性详细规划要贯彻我国城市建设中一贯坚持的"实用、经济、在可能条件下注意美观"的方针。

（2）修建性详细规划应当坚持以人为本、因地制宜的原则。

（3）还应当注意协调的原则,包括:人与自然环境之间的协调,新建项目与城市历史文脉的协调,建设场地与周边环境的协调。

（二）修建性详细规划编制的要求

根据《城乡规划法》和《城市规划编制办法》的规定,编制城市修建性详细规划,应当依据已经依法批准的控制性详细规划,对所在地块的建设提出具体的安排和设计。组织编制城市详细规划,应当充分听取政府有关部门的意见,保证有关专业规划的空间落实。在城市详细规划的编制中,应当采取公示、征询等方式,充分听取规划涉及的单位、公众的意见。对有关意见采纳结果应当公布。城市详细规划调整,应当取得规划批准机关的同意。规划调整方案,应当向社会公开,听取有关单位和公众的意见,并将有关意见的采纳结果公示。

（三）修建性详细规划编制的内容

根据《城市规划编制办法》第四十三条的规定,修建性详细规划编制应该包括以下内容。

（1）建设条件分析及综合技术经济论证。

（2）建筑、道路和绿地等空间布局和景观规划设计,布置总平面图。

（3）对住宅、医院、学校和托幼等建筑进行日照分析。

（4）根据交通影响分析,提出交通组织方案和设计。

（5）市政工程管线规划设计和管线综合。

（6）竖向规划设计。

（7）估算工程量、拆迁量和总造价,分析投资效益。

为了落实《城市规划编制办法》对修建性详细规划编制的内容要求,在实际工作中,一般包括以下具体内容:

（1）用地建设条件分析:城市发展研究、区位条件分析、地形条件分析、地貌分析、场地现状建筑情况分析。

（2）建筑布局与规划设计:建筑布局、建筑高度及体量设计、建筑立面及风格设计。

（3）室外空间与环境设计:绿地平面设计、绿化设计、植物配置、室外活动场地平面设计、城市硬质景观设计、夜景及灯光设计。

（4）道路交通规划:提出交通组织和设计方案;基地内各级道路的平面及断面设计;合理配置地面和地下的停车空间;进行无障碍通道的规划安排,满足残障人士出行的要求。

（5）场地竖向规划:竖向规划应本着充分结合原有地形地貌,尽量减少土方工程量的原则。

（6）建筑日照影响分析。

（7）投资效益分析和综合技术经济论证:土地成本估算、工程成本估算、相关税费估算、总造价估算、综合技术经济论证。

（8）市政工程管线规划设计和管线综合:其具体工作内容应当符合各有关专业的要求。

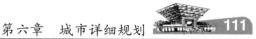

四、修建性详细规划的成果要求

1. 成果的内容与深度

根据《城市规划编制办法》的规定,修建性详细规划成果应当包括规划说明书、图纸成果的技术深度应该能够指导建设项目的总平面设计、建筑设计和工程施工图设计满足委托方的规划设计要求和国家现行的相关标准、规范的技术规定。

2. 成果的表达要求

(1)修建性详细规划说明书的基本内容。

1)规划背景:编制目标、编制要求(规划设计条件)、城市背景介绍、周边环境分析。

2)现状分析:现状用地、道路、建筑、景观特征、地方文化等分析。

3)规划设计原则与指导思想:根据项目特点确定规划的基本原则及指导思想,使规划设计既符合国家、地方建设方针,也能因地制宜具有项目特色。

4)规划设计构思:介绍规划设计的主要构思。

5)规划设计方案:分别详细说明规划方案的用地及建筑空间布局、绿化及景观设计、公共设施规划与设计、道路交通及人流活动空间组织、市政设施规划设计等。

6)日照分析说明:说明对住宅、医院、学校和托幼等建筑进行日照分析情况。

7)场地竖向设计:竖向设计的基本原则、主要特点。

8)规划实施:建设分期建议、工程量估算。

9)主要技术经济指标:用地面积、建筑面积、容积率、建筑密度(平均层数)、绿地率、建筑高度、住宅建筑总面积、停车位数量、居住人口。

(2)修建性详细规划应当具备的基本图纸。

1)位置图:标明规划场地在城市中的位置、周边地区用地、道路及设施情况。

2)现状图(1:500~1:2000):标明现状建筑性质、层数、质量和现有道路位置、宽度、城市绿地及植被状况。

3)场地分析图(1:500~1:2000):标明地形的高度、坡度及坡向、场地的视线分析;标明场地最高点、不利于开发建设的区域、主要观景点、观景界面、视廊等。

4)规划总平面图(1:500~1:2000):明确表示建筑、道路、停车场、广场、人行道、绿地及水面;明确各建筑基地平面,以不同方式区别表示保留建筑和新建筑,标明建筑名称、层数;标明周边道路名称,明确停车位布置方式;表示广场平面布局方式;明确绿化植物规划设计等。

5)道路交通规划设计图(1:500~1:2000):反映道路分级系统,表示各级道路的名称、红线位置、道路横断面设计、道路控制点的坐标、标高、道路坡度、坡向、坡长及路口转弯半径、平曲线半径;标明停车场位置、界限和出入口;明确加油站、公交首末站、轨道交通站场等其他交通设施用地;标明人行道路宽度、主要高程变化及过街天桥、地下通道等人行设施位置。

6)竖向规划图(1:500~1:2000):标明室外地控制点标高、场地排水方向、台阶、坡道、挡土墙、陡坎等地形变化设计要求。

7)效果表达:局部透视图、鸟瞰图、规划模型、多媒体演示等。还可以根据项目点增加功能分区图、空间景观系统规划图、绿化设计图、住宅建筑选型等,也可以增加模型、动画等三维表现手段。

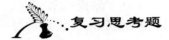复习思考题

1. 详细规划的主要任务有哪些?

2. 控制性详细规划与修建性详细规划的区别是什么?

3. 结合当地情况,深入理解详细规划的内容要素并进行解读。

第七章 专项规划

第一节 专项规划的法律地位及作用

专项规划是城乡规划编制体系的重要组成部分,是在城市总体规划的指导下,为更有效实施规划意图,对城市要素中系统性强、关联度大的内容或对城市整体、长期发展影响巨大的建设项目,从公众利益出发对其空间利用所进行的系统研究。简单地讲,就是对某一项所进行的空间布局规划,其内容除包括规划原则、发展目标、规划布局等外,一般还包括近期建设规划和实施建议措施。

一、专项规划的法律地位

2008年颁布实施的《城乡规划法》确定了城镇体系规划、城市规划、镇规划、乡规划和村庄规划的规划体系构成,明确了城市规划、镇规划的总体规划、详细规划的两个层次,并将各类城市专项规划置于总体规划的编制框架内。

2006年颁布实施的《城市规划编制办法》第十四条,在城市总体规划的编制中,对于涉及资源与环境保护、区域统筹与城乡统筹、城市发展目标与空间布局、城市历史文化遗产保护等重大专题,应当在城市人民政府的组织下,由相关领域的专家领衔进行研究;第二十四条,编制城市控制性详细规划,应当依据已经依法批准的城市总体规划或分区规划,考虑专项规划的要求,对具体地块的土地利用和建设提出控制指标;第三十四条,城市总体规划应当明确综合交通、环境保护、商业网点、医疗卫生、绿地系统、河湖水系、历史文化名城保护、地下空间、基础设施、综合防灾等专项规划的原则。

现行的法律法规体系中,城市专项规划只是作为城市总体规划的附属内容,不作为单独的规划层次,而且独立编制的专项规划本身不具有法定地位,在规划编制基础、规划内容、审批制度、规划实施效率等方面存在明显的缺陷,造成了部分专项规划难以落实。为此需要政府有关部门制定更为完善的法律法规来明确城市专项规划在城乡规划编制体系中的法律地位。

二、专项规划在规划实施及管理中的作用

(一)完善规划体系,指导城市建设

城市规划的目的在于确保城市在发展的各个阶段上其整体系统运行保持良性运转,

城市是一个不断发展的大系统,运行过程的效益如何,城市各系统间是否协调发展远比最终理想状态的合理性来的重要。因此绝对不应该只是强调最终的理想状态,依靠总体规划或分区规划就能完成工作,而是需要说明在城市发展过程中,每阶段内如何使城市良性运转,专项规划在上下阶段的衔接上就扮演着十分重要的角色。总体规划阶段的规划编制,一般只是在宏观上确定城市各项设施的等级、分布及其分布范围,对于其总体建设规模、具体设施的用地范围和建设开发强度等没有明确。而专项规划可以根据各领域的特点来深入分析,从专业技术的角度对总体规划阶段所确定的内容做更进一步精细的统筹安排。

(二)适应发展需求,推动城市建设

在城市发展过程中,影响城市的建设和管理的因素很多,每种因素自身都各有特点,可以作为一个独立的系统体系来进行研究。在规划实施过程中,单纯依靠总体规划来指导详细规划的编制,由于缺乏系统的专业指导而造成某些设施配置不当或遗漏配置的情况经常发生。通过专项规划的编制,可以从宏观的角度整体把控城市的某一领域,从全局出发来指导详细规划,确定规划范围内城市各项设施的配置,提高城市规划的可操作性。专项规划就是从城市管理层面来促进总体目标的实现。通过专项规划,将城市的综合目标进行分解,落实到各个系统中去,并对各系统的开发速度、开发时序、开发分布做出控制性安排,以满足市场需要,使空间资源发挥最大效应。

(三)加深城市认识,提高规划水平

总体规划阶段受时间、财力、资料等因素限制,不可能对每一问题都能系统深入地研究,而详细规划又偏重于物质形态设计。那么,面对城市建设中不时涌现出来的新问题就需要专项规划来解决。与总体规划相比较,专项规划编制涉及面相对小、时间充裕又有大量专业人员介入,更有条件为城市土地利用和分配提供理性指导,对城市问题有一个清晰、深刻的认识。同时,通过对专项规划的研究有助于加快我国城市规划与社会经济规划、生态环境规划相结合,有助于提高城市规划的可操作性。在城市化加速发展的今天,城市问题层出不穷,必须利用好专项规划开展城市问题研究、掌握城市发展规律。

第二节　专项规划的主要内容

一、城市综合交通规划

(一)城市综合交通规划的主要内容
1.城市综合交通规划基本概念
(1)城市综合交通
1)基本概念:城市综合交通包括了存在于城市中及与城市有关的各种交通形式。城市综合交通可分为城市对外交通和城市交通两大部分。
从形式上,城市综合交通可分为地上交通、地下交通、路面交通、轨道交通、水上交

通等。

从运输性质上,可分为客运交通和货运交通两大类。

从交通位置上,可分为道路上的交通和道路外的交通。

2)城市对外交通泛指城市之间的交通,以及城市地域范围内的城区与周围城镇、乡村之间的交通。其主要交通形式有:公路交通、铁路交通、航空交通和水运交通。

3)城市交通是指城市内部的交通,包括城市道路交通、城市轨道交通和城市水上交通等。其中,以城市道路交通为主体。

4)城市对外交通与城市交通的关系:具有相互联系、相互转换的关系。

5)城市公共交通。城市公共交通是城市交通中与城市居民密切相关的一种交通,是使用公共交通工具的城市客运交通,包括公共汽车、有轨电车、无轨电车、地铁、轻轨、轮渡、市内航运、出租汽车等。

6)城市交通系统。城市交通系统由城市运输系统(交通行为的运作)、城市道路系统(交通行为的通道)和城市交通管理系统(交通行为的控制)组成。城市道路系统和交通管理系统都是为城市运输系统完成交通行为服务的,但是道路系统是为运输体系提供活动场所的,而交通管理系统则是整个城市交通系统正常、高效运转的保证。

城市交通系统是城市的社会、经济和物质结构的基本组成部分。城市交通系统的作用是把分散在城市各处的城市生产、生活活动连接起来,在组织生产、安排生活、提高城市客货流的有效运转及促进城市经济发展方面有着十分重要的作用。

(2)城市综合交通规划

1)基本概念

综合交通规划就是将城市对外交通和城市内的各类交通与城市发展和用地布局结合起来进行系统综合研究的规划,是城市总体规划中与城市土地使用规划密切结合的一项重要内容。

2)作用

A.建立与城市发展相匹配的、完善的城市交通系统,协调城市道路交通系统与城市用地布局、城市对外交通系统的关系以及城市中各种交通方式之间的关系。

B.全面分析城市综合交通问题产生的原因,提出综合解决城市交通问题的根本措施。

C.城市交通系统有效地支撑城市经济、社会发展和城市建设,并获得最佳效益。

3)目标

A.通过改善与经济发展直接相关的交通出行来提高城市经济效率。

B.确定城市合理的结构,充分发挥各种交通方式的综合运输潜力,促进城市客、货运交通系统的整体协调发展和高效运作。

C.在充分保护有价值的地段、解决居民搬迁和财政允许的前提下,尽快建成相对完善的城市交通设施。

D.通过多方面投资来提高交通可达性,拓展城市的发展空间,保证新开发的地区尽快建成相对完善的城市交通设施。

E.在满足各种交通方式合理运行速度的前提下,把城市道路上的交通拥挤控制在一定范围内。

F.有效的财政补贴、社会支持和科学的多元化经营,尽可能使运输价格水平适应市民的承受能力。

4)内容

A.城市交通发展战略研究工作

a.现状分析:分析城市发展的过程、出行规律、特性和现状城市道路交通系统存在的问题。

b.城市发展分析:根据城市社会和空间发展,分析城市交通发展的趋势和规律,预测城市交通总体发展水平。

c.战略研究:确定城市综合交通发展目标,确定城市交通发展模式,制定城市交通发展战略和城市交通政策,预测城市交通发展、交通结构和各项指标,提出实施规划的重要技术经济政策和管理政策。

d.规划研究:结合城市空间和用地布局基本框架,提出城市道路交通系统基本结构和初步规划方案。

B.城市道路交通系统规划的工作内容

a.提出规划方案。

b.进行交通校核。

c.提出实施要求。

2.城市交通调查与分析

(1)城市交通调查的目的和要求

城市交通调查是进行城市交通规划、城市道路系统规划和城市道路设计的基础工作。通过对城市交通现状的调查与分析,摸清城市道路上的交通状况,城市交通的产生、分布、运行规律以及现状存在的主要问题。

(2)城市交通基础资料调查与分析

1)城市人口、就业、收入、消费、产值等社会、经济现状与发展资料。

2)城市公共交通客、货运总量,对外交通客、货运总量等运输现状与发展资料。

3)城市各类车辆保有量、出行率,交通枢纽及停车设施等资料。

4)城市道路与环境污染治理资料。

(3)城市道路交通调查与分析

1)选择城市道路的控制交叉口对全市道路网分别进行全年、全周、全日和高峰时段的机动车、非机动车、行人的流量、流向和车速观测。

2)对特殊路段、地段的特定交通进行调查。

3)对过境交通的流量、流向进行调查。

4)分析交通量在道路上的空间分布和时间分布,以及过境交通对城市道路网的影响。

(4)交通出行 OD 调查与分析

1)概念:OD 调查就是交通出行的起终点调查。

2)目的:是为了得到现状城市交通的流动特性,主要包括居民出行抽样调查和货运

抽样调查两类,根据交通规划需要还可以分别进行流动人口出行调查、公共交通客流调查、对外交通客货流调查、出租车出行调查等。

3)交通区划分

为了对 OD 调查获得的资料进行科学分析,需要把调查区域分成若干个交通区,每个交通区又可以分为若干交通小区。

划分交通区应符合下列条件:

A. 交通区应与城市规划和人口等调查的内容相协调,以便于综合一个交通区的土地使用和出行生成的各种资料。

B. 应便于把该区的交通分配到交通网上,如城市干道网、公共交通网、地铁网等。

C. 应使一个交通区预期的土地使用动态和交通的增长大致相似。

D. 交通区大小也取决于调查类型,交通区划得越小,精度越高,但资料整理会越困难。

4)OD 调查的分类

A. 居民出行调查

调查内容包括:调查对象的社会经济属性和调查对象的出行特征。为了减少调查工作量,多采用抽样法,抽样率根据城市人口规模大小在4% ~20%间选用。

调查收集方法有家庭访问法、路旁询问法、邮寄回收法等,其中家访法效果最佳。居民出行规律包括出行分布和出行特征。城市居民的出行特性有下列四项要素:

a. 出行目的。

b. 出行方式。

c. 平均出行距离。

d. 日平均出行次数。

B. 货运出行调查

货运调查常采用抽样法调查表或深入单位访问的方法,调查各工业企业、仓库、批发部、货运交通枢纽,专业运输单位的土地使用特征、产销储运情况、货物种类、运输方式、运输能力、吞吐能力、货运车种、出行时间、路线、空驶率以及发展趋势等情况。

(二)了解城市交通发展战略研究的要求和方法

1. 城市综合交通发展战略的研究

(1)市域交通发展战略研究

市域交通发展战略研究首先要尊重国家铁路、高速公路、国道、省道、区域机场和港口的布局规划,满足区域交通的需要,同时要进一步研究市域内经济、社会的发展和城镇体系发展对城市对外交通的需要,提出市域内铁路网站、市(县)级公路骨架网络和市域内港口、航道的发展战略和调整意见。

(2)城市交通发展战略研究

城市交通发展战略研究要以城市经济社会发展、城市用地发展和现状分析为基础,注意把宏观城市布局及交通关系与中观城市用地布局及交通关系分开研究,不可混为一谈,提出宏观对总体规划的指导性意见,中观对控制性详细规划的指导意见和调整意见。

2.城市综合交通发展战略研究的基本内容

（1）城市交通发展分析

1）经济、社会与城市空间发展的趋势与规律分析。

2）预估城市交通总体发展水平。

A.弹性系数法。

B.趋势外推法。

C.千人拥有法。

（2）城市交通发展战略分析

1）指导思想

A.适应城市经济、社会和城市空间发展的需要，为城市经济、社会和城市空间发展服务。

B.贯彻以人为本和可持续发展的思想，提倡节能、减排、经济、安全、可靠。

C.不断完善城市交通系统，使城市交通系统始终保持高效、良性运作，以满足城市居民对城市交通出行的需求。

2）发展模式

A.以小汽车为主体的交通模式。

B.以轨道公交为主、小汽车和地面公交为辅的交通模式。

C.以小汽车为主、公交为辅的交通模式。

D.以公交为主、小汽车为主导（公交与小汽车并重）的交通模式。

E.以公交为主、小汽车为辅的交通模式。

3）发展目标

城市交通发展战略的总目标就是要形成一个优质、高效、整合的城市交通系统来适应不断增长的交通需求，提升城市的综合竞争力，促进城市经济、社会和城市建设的全面发展。

4）发展策略

A.制定适合城市交通发展的交通政策。

B.整合城市的交通设施。

C.协调各类交通的运行，实现交通的综合科学管理。

D.建立强有力的综合协调管理机构，全面协调城市土地使用规划管理、综合交通规划建设、交通运营与管理。

（三）掌握城市对外交通与城市道路网络规划的要求和基本方法

1.城市对外交通规划

（1）城市对外交通的概念

城市对外交通是指以城市为基点，与城市外部进行联系的各类交通的总称。

（2）城市对外交通的类型

主要包括铁路、公路、水运和航空。

（3）城市对外交通的特点

1）城市对外交通是城市形成与发展的重要条件，如武汉、广州、重庆、扬州等。

2）对外交通运输条件又可制约城市的发展。

3）城市对外交通线路和设施的布局直接影响城市的发展方向、城市布局、城市主干路的走向、城市环境以及城市景观等。

（4）城市对外交通规划

城市的外部交通联系也是国家和区域的交通联系,应与国家和区域经济、社会发展的行业规划相适应。城市对外交通规划一方面要充分利用国家和区域交通设施规划建设条件来加强市域城镇间的交通联系;另一方面,也要根据市域城镇经济、社会发展的需要,进一步补充和进行局部调整,完善城市对外交通规划。

（5）铁路规划

铁路是城市主要的对外交通设施。

1）铁路设施的分类,城市范围内的铁路设施基本上可分两类:

A. 与生产和生活有密切关系的客、货运设施,如客运站、综合性货运站及货场等,其用地属于城市建设用地之交通枢纽用地。

B. 与城市生产、生活设施没有直接关系的铁路专用设施,如编组站、客车整备场、迂回线等,其用地属于城乡用地之铁路用地 H21。

2）铁路设施在城市中的布置

A. 客运站的位置要方便旅客,提高铁路运输效能,并应与城市的布局有机结合。客运站的服务对象是旅客,为方便旅客,位置要适当。中小城市客运站可以布置在城市边缘,大城市有可能有多个客运站,应在城市中心区边缘布置。

客运站的布置有通过式、尽端式和混合式三种。中小城市客运站通常采用通过式的布局形式,可以提高客运站的通过能力;大城市客运站常采用尽端式或混合式布置,可减少干线铁路对城市的分割。

B. 编组站是为货运列车服务的专业性车站,承担车辆解体、汇集、甩挂和改编业务。编组站由到发场、出发场、编组站、驼峰、机务段和通过场组成,用地范围一般比较大,其布置要避免与城市的相互干扰,同时也要考虑职工的生活。

C. 大城市货运站应按其性质分别设其服务的地段。以到发为主的综合性货运站（特别是零担货物）一般应接近货源或结合货物流通中心布置;以某几种大宗货物为主的专业性货运站应接近其供应的工业区、仓库区等大宗货物集散点,一般应设在市区外围;不为本市服务的中转货物装卸站则应设在郊区,结合编组站或水陆联运码头设置;危险品（易爆、易燃、有毒）及有碍卫生（如牧畜货场）的货运站应设在市郊,要有一定的安全隔离地带。中小城市一般设置一个综合性货运站或货场,其位置既要满足货物运输的经济合理要求,也要尽量减少对城市的干扰。

（6）公路规划

公路是城市与其他城市及市域内乡镇联系的道路。规划时应结合城镇体系总体布局和区域规划,合理地选定公路线路的走向及其站场的位置。公路的站场用地属于城市建设用地之交通枢纽用地 S3,其线路与附属设施用地属于城乡用地之公路用地 H22。

1）公路的分类、分级

A. 公路分类。根据公路的性质和作用,及其在国家公路网中位置,可分为国道（国家级干线公路)、省道(省级干线公路)、县道(联系各乡镇)三级。设市城市可设置市道,作为市区联系市属各县城的公路。

B.公路分级。按公路的使用任务、功能和适应的交通量,可分为高速公路、一级公路、二级公路、三级公路、四级公路。

高速公路为汽车专用路,是国家级和省级的干线公路;一、二级常用作联系高速公路和中等以上城市的干线公路;三级公路常用作联系县和城镇的集散公路;四级公路常用作大城市可布置高速沟通乡、村的地方公路。

高速公路的设计时速多为100～120 km/h(山区可降为60 km/h)。大城市可布置高速公路环线联系各条高速公路,并与城市快速路网衔接。对于中小城市,考虑城市未来的发展,高速公路应远离市中心,以专用的入城道路与城市联系。

2)公路在城市中的布置

公路在市域范围内的布置主要取决于国家和省公路网的规划。规划应注意以下问题:

A.有利于城市与市域内各乡、镇间的联系,适应城镇体系发展的规划要求。

B.厂线公路要与城市道路网有合理的联系。

C.逐步改变公路直穿小城镇的状况,并注意防止新的沿公路建设的现象发生。

3)公路汽车站场在城市的布置

公路汽车站又称长途汽车站,按其性质可分为客运站、货运站、技术站和混合站。按车站所处的位置又可分为起(终)点站、中间站和区段站。

应依据城市总体规划功能布局和城市道路系统规划,合理布置长途汽车站场的位置,既要使用方便,又不影响城市的生产和生活,并与铁路车站、轮船码头有较好的联系,便于组织联运。

2.城市道路系统规划及红线划示

(1)影响城市道路系统布局的因素

城市道路系统是组织城市各种功能用地的"骨架",是城市进行生产和生活活动的"动脉"。城市道路系统布局是否合理,直接关系到城市是否可以合理、经济地运转和发展。

影响城市道路系统布局的因素主要有三个:

1)城市在区域中的位置(城市外部交通联系和自然地理条件);

2)城市用地布局形态(城市骨架关系);

3)城市交通运输系统(市内交通联系)。

(2)城市道路系统规划的基本要求

1)与城市交通发展目标相一致,符合城市的空间组织和交通特征;

2)道路网络布局和道路空间分配应体现以人为本、绿色交通优先,以及窄马路、密路网、完整街道的理念;

3)城市道路的功能、布局应与两侧城市的用地特征、城市用地开发状况相协调;

4)体现历史文化传统,保护历史城区的道路格局,反映城市风貌;

5)为工程管线和相关市政公用设施布设提供空间;

6）满足城市救灾、避难和通风的要求。

（3）城市道路系统规划的程序

城市道路系统规划是城市总体规划的重要组成部分，它不是一项单独的工程技术规划设计，而是受到很多因素的影响和制约。一般规划程序如下：

1）现状调查和资料准备

A. 城市用地现状和地形图：包括城市市域或区域范围两种图，比例分别为 1：25 000（或 1：50 000）、1：10 000（或 1：5000）。

B. 城市发展经济资料：包括城市发展期限、性质、规模、经济和交通运输发展资料。

C. 城市交通现状调查资料：包括城市机动车、非机动车数量统计资料，城市道路及交叉口的机动车、非机动车、行人交通量分布资料和过境交通资料。

D. 城市用地布局和交通系统初步方案，城市土地使用规划方案。

2）提出城市道路系统初步规划方案。

3）研究交通规划初步方案。

4）修改道路系统规划方案。

5）绘制道路系统规划图。

道路系统规划图包括平面图及横断面图。平面图要根据总体规划（或详细规划）的编制规定，标出干道网（或道路网）的中心线及控制点的位置（以及坐标、高程、平曲线要素），广场及各种交通设施用地、位置，以及交叉口形式和平面形状方案，亦可同时标注城市主要用地的功能布局，比例为 1：20 000 ~ 1：5000。横断面图要标出各种类型道路的红线控制宽度、断面形式及标准横断面尺寸，比例为 1：500 或 1：200。

6）编制道路系统规划文字说明。

（4）城市道路分类

城市道路作为城市交通的主要设施，首先应满足交通的功能要求，又要起到组织城市用地的作用，城市道路系统规划要求按道路在城市总体布局中的骨架作用对道路分类，还要按照道路的交通功能进行分析，同时满足"骨架"和"交通"的功能要求。通常在设计城市道路时，是按照城市道路设计规范进行道路分类的；在分析道路与城市用地性质的关系时，按道路的功能来分类。

1）《城市综合交通体系规划规范》中的分类（按城市道路所承担的城市活动分类）

城市道路分为干线道路、支线道路，以及联系两者的集散道路三大类；城市快速路、主干路、次干路和支路四个中类和八个小类。干线道路应承担城市中、长距离联系交通，集散道路和支线道路共同承担城市中、长距离联系交通的集散和城市中、短距离交通的组织。见表7-1。

表 7-1   不同连接类型与用地服务特征所对应的城市道路功能等级

连接类型/用地服务	为沿线用地服务很少	为沿线用地服务较少	为沿线用地服务较多	直接为沿线用地服务
城市主要中心之间连接	快速路	主干路	—	—
城市分区(组团)间连接	快速路/主干路	主干路	主干路	—
分区(组团)内连接	—	主干路/次干路	主干路/次干路	—
社区级渗透性连接	—	—	次干路/支路	次干路/支路
社区到达性连接	—	—	支路	支路

2)按道路的功能分类

城市道路按功能分类的依据是道路与城市用地的关系,按道路两旁用地所产生的交通流性质来确定道路的功能。城市道路按功能可分为两类:

A. 是以满足交通运输的要求为主要功能的道路,承担城市主要的交通流量及与对外交通的联系。其特点为车速高、车辆多、车行道宽,道路线形要符合快速行驶的要求,道路两旁要求避免布置吸引大量人流的公共建筑。

B. 生活性道路。是以满足城市生活性交通要求为主要功能的道路,主要为城市居民购物、社交、游憩等活动服务,以步行和自行车交通为主,机动车交通较少,道路两旁多布置为生活服务的、人流较多的公共建筑及居住建筑,要求有较好的公共交通服务条件。

(5)城市道路系统的技术空间布置

1)交叉口间距

不同规模的城市有不同的交叉口间距要求,不同性质、不同等级的道路也有不同的交叉口间距要求。城市各级道路的交叉口间距可按表 7-2 中的推荐值使用。

表 7-2   城市各级道路的交叉口间距表

道路类型	快速路	主干路	次干路	支路
设计车速/(km/h)	≥80	40~60	40	≤30
交叉口间距/m	1500~2500	700~1200	350*~500	150*~250

注:*小城市取低值。

2)道路网密度

列入城市道路网密度计算的包括上述四类道路,街坊内部道路不列入计算。要从使用的功能结构上考虑,按照是否参加城市交通分配来决定是否应列入城市道路网密度的计算范围。见表 7-3。

表 7-3 不同规模城市的干线道路网络密度表

规划人口规模/万人	干线道路网络密度/(km/km²)
≥200	1.5~1.9
100~200	1.4~1.9
50~100	1.3~1.8
20~50	1.3~1.7
≤20	1.5~2.2

3)道路红线宽度

A. 道路红线的概念:是道路用地和两侧建筑用地的分界线,即道路横断面中各种用地总宽度的边界线。

B. 道路红线内的用地包括车行道、步行道、绿化带、分隔带四部分。

C. 城市规划各阶段的道路红线划示要求。

a. 在城市总体规划阶段,常根据交通规划、绿地规划和工程管线规划要求确定道路红线的大致的宽度要求,并满足交通、敷设地下管线、绿化、通风日照和建筑景观等的要求。

b. 在详细规划阶段,应该根据毗邻道路用地和交通的实际需要确定道路的红线宽度。也可以根据具体用地建设要求,适当后退红线,以求得好的景观效果,并为将来的发展留有余地。

确定道路红线时,要避免两种不良倾向:一是过于担心拆迁损失将红线定得过窄,结果造成道路建成不久就不能满足交通发展要求;二是将红线定得过宽,造成建设成本过高。

不同等级道路对道路红线宽度的要求见表 7-4。

表 7-4 不同等级道路的红线宽度表

道路分类	快速路 (不包括辅路)		主干路			次干路	支路	
	I	II	I	II	III		I	II
双向车数/条	4~8	4~8	6~8	4~6	4~6	2~4	2	—
道路红线宽度/m	25~35	25~40	40~45	40~45	40~45	20~35	14~20	—

4)道路横断面类型通常按车行道的布置命名道路横截面类型

A. 一块板道路横断面

不用分隔带划分车行道的横断面称为一块板断面,一块板道路的车行道可以用作机动车专用道、自行车专用道以及大量作为机动车与非机动车混合行驶的次干路及支路。

B. 两块板道路横断面

用分隔带划分车行道为两部分的横断面称为两块板断面。两块板道路通常是利用中央分隔带(可布置低矮绿化)将车行道分成两部分。当道路设计车速大于 50 km/h 时,解决对向机动车流的相互干扰问题时,有较高的景观、绿化要求时,两个方向车行道布置在不同平面上时,采用两块板的形式。

C. 三块板道路横断面

用分隔带将车行道划分为三部分的横断面称为三块板断面。三块板道路用两条分隔带将机动车与非机动车分道行驶,一般三块板横断面适用于机动车交通量不十分大而又有一定的车速和车流畅通要求,自行车交通量较大的生活性道路或交通性客运干道。

D. 四块板道路横断面

用分隔带将车行道划分为四部分的横断面称为四块板断面。四块板道路比三块板的道路增加一条中央分隔带,解决对向机动车相互干扰问题。当道路上机动车和非机动车都比较多时可采用这种形式。

二、城市绿地系统规划的主要内容

(一)城市绿地系统的组成

1. 城市绿地系统的概念

城市绿地系统指城市中具有一定数量和质量的各类绿化及用地,相互联系并具有生态效益、社会效益和经济效益的有机整体。

2. 绿化对城市的作用与功能

(1)改善城市气候,调节气温和湿度。

(2)改善城市卫生环境,改变城市空气质量。

(3)减少地表径流,减缓暴雨积水,涵养水源,蓄水防洪。

(4)防灾功能。

(5)显著改善城市景观。

(6)承载游憩活动。

(7)城市节能。

3. 城市绿地的分类

(1)按《城市用地分类与规划建设用地标准》GB50137—2011,将城市绿地分为:

1)公园绿地(G1),与《城市绿地分类标准》CJJ/T 85—2002 统一,包括:综合公园、社区公园、专类公园、带状公园、街旁绿地;

2)防护绿地(G2),与《城市绿地分类标准》CJJ/T 85—2002 统一,包括:卫生隔离、道路防护、城市高压走廊绿带、防风林、城市组团隔离带等。

位于城市建设用地范围内以文物古迹、风景名胜点(区)为主形成的具有城市公园功能的绿地属于"公园绿地"(G1),位于城市建设用地范围以外的其他风景名胜区则在"城乡用地分类"中分别归为非建设用地"(E)"的"水域"(E1)、"农林用地"(E2)以及"其他非建设用地"(E9)。

(2)按《城市绿地分类标准》CJJ/T 85—2002,将城市绿地分为:

1)公园绿地(G1)。

2）生产绿地（G2）。

3）防护绿地（G3）。

4）附属绿地（G4）：居住绿地（G41）、公共设施绿地（G42）、工业绿地（G43）、仓储绿地（G44）、对外交通绿地（G45）、道路绿地（G46）、市政设施绿地（G47）、特殊绿地（G48）。

5）其他绿地（G5）。

（二）城市绿地系统规划的任务和内容

1. 城市绿地系统规划的任务

通过规划手段，对城市绿地及其物种在类型、规模、空间、时间等方面所进行的系化配置及相关安排。城市绿地系统规划有两种形式：

（1）城市总体规划的多个专项规划之一。

（2）单独编制的专业规划。

2. 城市绿地系统规划的内容

（1）依据城市经济社会发展规划和城市总体规划的战略要求，确定城市绿地系统的指导思想和原则。

（2）调查、分析、评价城市绿地现状、发展条件及存在问题。

（3）研究确定城市绿地的发展目标和主要指标。

（4）参与综合研究城市绿地布局结构，确定城市绿地系统的用地布局。

（5）统筹安排各类城市绿地，确定公园绿地、生产绿地、防护绿地的位置、范围、性质及主要功能、指标，划定保护范围（绿线）。

（6）提出城市生物多样性保护与建设的目标、任务和保护建设措施。

（7）对城市古树名木的保护进行统筹安排。

（8）确定分期建设步骤和近期实施项目，提出城市绿地系统规划的实施措施。

3. 城市绿地系统的规划布局原则

（1）整体性原则。

（2）均匀原则。

（3）自然原则。

（4）地方性原则。

4. 城市绿地系统的布局形式

在我国，城市绿地空间布局常用的形式有以下四种：

（1）块状绿地布局。

（2）带状绿地布局。

（3）楔形绿地布局。

（4）混合式绿地布局。

三、城市市政公用设施规划的主要内容

（一）城市市政公用设施规划的基本概念

市政公用设施，泛指由国家各种公益部门建设管理、为社会生活和生产提供基本服务

的行业和设施。市政公用设施是城市发展的基础,是保障城市可持续发展的关键性设施。

(二)城市市政公用设施规划的主要任务

1. 城市总体规划阶段

根据确定的城市发展目标、规模和总体布局以及本系统上级主管部门的发展规划确立本系统的发展目标,提出保障城市可持续发展的水资源、能源利用与保护战略;合理布局本系统的重大关键性设施和网络系统,制定本系统主要的技术政策、规定和实施措施;综合协调并确定城市供水、排水、防洪、供电、通信、燃气、供热、消防、环卫等设施的规模和布局。

规划图中应标明水源保护区、河湖湿地水系蓝线、重要市政走廊等控制范围;标明水源、水厂、污水处理厂、热电站或锅炉房、气源、调压站、电厂、变电站、电信中心或邮电局、电台等设施位置;标明城市给水、排水、热力、燃气、电力、通信等干线系统走向。

2. 城市分区规划阶段

依据城市总体规划,结合本分区的现状基础、自然条件等,从市政公用设施方面分析论证城市分区规划布局的可行性、合理性,提出调整、完善等意见和建议,落实城市总体规划中市政公用设施规划提出的资源利用与保护措施,划定河、湖水系、湿地控制蓝线,确定重要市政走廊限制性空间条件,确定市政公用设施在分区内的主要设施规模、布局和工程管网。

3. 城市详细规划阶段

依据城市总体规划和分区规划结合详细规划范围内的各种现状情况,从市政公用设施方面对城市详细规划的布局提出相应的完善、调整意见。

根据城市总体规划和分区规划中市政公用设施规划和详细规划,具体布置规划范围内市政公用设施和工程管线,提出相应的工程建设技术和实施措施。

(三)城市市政公用设施规划的主要内容

1. 城市水资源规划的主要任务

(1)主要任务

根据城市和区域水资源的状况,最大限度地保护和合理利用水资源;按照可持续发展原则科学合理预测城乡生态、生产、生活等需水量,充分利用再生水、雨洪水等非常规水资源,进行资源供需平衡分析;确定城市水资源利用与保护战略,提出水资源节约利用目标、对策,制定水资源的保护措施。

(2)主要内容

水资源开发利用现状分析;供用水现状分析;供需水量预测及平衡分析;水资源保障战略。

2. 城市给水工程规划的主要任务和内容

(1)主要任务

根据城市和区域水资源的状况,合理选择水源,科学合理确定用水标准,预测城乡生产、生活等需水量,确定城市自来水厂等设施的规模与布局;布置净水设施和各级供水管网系统,满足用户对水质、水量、水压等的要求。

（2）主要内容

1）城市总体规划中的主要内容：确定用水量标准，预测城市总用水量；平衡供需水量，选择水源，确定取水方式和位置；确定给水系统形式、水厂供水能力和厂址，选择处理工艺；布置输配水干管、输水管网和供水重要设施，估算干管管径。

2）城市分区规划中的主要内容：估算分区用水量；进一步确定供水设施规模，确定主要设施位置和用地范围；对总规中供水管的走向、位置、线路进行落实或修正补充，估算控制管径。

3）城市详细规划中的主要内容：计算用水量，提出对用水水质、水压的要求，布置给水设施和给水管网；计算输配水管管径，校核配水管网水量及水压。

（3）城市给水工程系统构成：城市取水工程、净水工程、输配水工程

1）取水工程的功能：将原水取、送到城市净水工程，为城市提供足够的水量。

2）净水工程的功能：将原水净化处理成符合城市用水水质标准的净水，并加压输入城市供水管网。

3）输配水工程的功能：将净水按水质、水量、水压的要求输送至用户。

3. 城市再生水利用规划的主要任务和内容

（1）主要任务

根据城市水资源供应紧缺状况，结合城市污水处理厂规模、布局，在满足不同用水水质标准条件下，考虑将城市污水处理再生后用于生态用水、市政杂用水、工业用水等，确定城市再生水厂等设施的规模、布局；布置再生水设施和各级再生水网管系统，满足用户对水质、水量、水压等的要求。

（2）主要内容

1）城市总体规划中的主要内容：确定再生水利用对象、用水量标准、水质标准，预测城市再生水需水量；结合城市污水处理厂规模、布局，合理确定水厂布局、规模和服务范围；布置再生水输配干管、输水管网和供水设施。

2）城市分区规划中的主要内容：估算分区再生水需水量；进一步确定再生水设施规模，确定主要设施位置和用地规模；对总体规划中再生水输配水干管的走向、位置、线路，进行落实或修正补充，估算控制管径。

3）城市详细规划中的主要内容：计算再生水用水量，提出用水水压的要求；布置再生水设施和管网；计算输配水管管径，校核配水管网水量及水压。

4. 城市排水工程规划的主要任务与内容

（1）主要任务

根据城市用水状况和自然条件，确定规划期内污水处理量，污水处理设施的规模与布局，布置各级污水管网系统；确定城市雨水排除与利用系统规划标准、雨水排除出路、雨水排放与利用设施的规模与布局。

（2）主要内容

1）城市总体规划中的主要内容：确定排水制度；划分排水区域，估算雨水、污水总量，制定不同地区污水排放标准；进行排水管、渠系统规划布局，确定雨水、污水主要泵站数量、位置，以及水闸位置；确定污水处理厂数量、分布、规模、处理等级以及用地范围；确定

排水干管、渠走向和出口位置;提出污水综合处理措施。

2)城市分区规划中的主要内容:估算分区的雨水、污水排放量;按照确定的排水体制划分排水系统;确定排水干管位置、走向、服务范围、控制管径以及主要工程设施的位置和用地范围。

3)城市详细规划中的主要内容:对污水排放量和雨水量进行具体的统计计算;对排水系统的布局、管线走向、管径进行计算复核,确定管线平面位置、主要控制点标高;对污水处理工艺提出初步方案。

(3)城市排水工程系统构成:雨水排放工程、污水处理与排放工程

1)雨水排放工程的功能:及时收集与排放区域雨水等降水,抗御洪水和潮汛侵袭,避免和迅速排除城区积水。

2)污水处理与排放工程的功能:收集与处理城市各种生活污水、生产污水,综合利用,妥善排放处理后的污水,控制与治理城市污染,保护城市与区域的水环境。

5.城市河湖水系规划的主要任务与内容

(1)主要任务

根据城市自然环境条件和城市规模等因素,确定城市防洪标准和主要河流治理标准;结合城市功能布局确定河道功能定位;划定河湖、水系、湿地的蓝线,提出河道两侧绿化隔离宽度;落实河道补水水源,布置河道截污设施。

(2)主要内容

1)城市总体(分区)规划中的主要内容:确定城市防洪标准和河道治理标准;结合城市功能布局确定河湖水系布局和功能定位,确定城市河湖水系水环境指令标准;划分河道流域范围,估算河道洪水量,确定河道规划蓝线和两侧绿化隔离带宽度;确定湿地保护范围;落实景观河道补水水源,布置河道污水截留设施。

2)城市详细规划中的主要内容:根据河道治理标准和流域范围计算河道洪水量,确定河道规划中心线和蓝线位置;协调河道与城市雨水管道高程衔接关系,计算河道洪水水位,确定河道横断面形式,河道规划高程;确定补水水源方案和河道截流方案。

6.城市能源规划的主要任务与内容

(1)主要任务

通过制定城市能源发展战略,保证城市能源供应安全;优化能源结构,落实节能减排措施;实现能源的优化配置和合理利用,协调社会经济发展和能源资源的高效利用与生态环境保护的关系,促进和保障城市经济社会可持续发展。

城市规划所涵盖各类主要能源:电力、燃气、热力、油品、煤炭以及可再生能源。

(2)主要内容

1)确定能源规划的基本原则。

2)预测城市能源需求。

3)平衡能源供需(包括能源总量和能源品种),并进一步优化能源结构。

4)落实能源供应保障措施及空间布局规划。

5)落实节能技术措施和节能工作。

6)制定能源保障措施。

7.城市电力工程规划的主要任务与内容

（1）主要任务

根据城市和区域电力资源状况,合理确定规划期内的城市用电量、用电负荷,进行城市电源规划;确定城市输配电设施的规模、布局以及电压等级;布置变电所(站)等变电设施和输配电网络;制定各类供电设施和电力线路的保障措施。

（2）主要内容

1）城市总体规划中的主要内容:预测城市供电负荷;选择城市供电电源;确定城市电网供电电压等级和层次;确定城市变电站容量和数量;布局城市高压送电网和高压走廊;提出城市高压配电网规划技术原则。

2）城市分区规划中的主要内容:预测分区供电负荷;确定分区供电电源方位;选择分区变、配电站容量和数量;进行高压配电规划布局。

3）城市详细规划中的主要内容:计算电负荷;选择和布局规划范围内的变、配电站;规划设计 10 kV 电网;规划设计低压电网。

（3）城市供电工程系统构成:电源、电力网

城市电源具有自身发电或从区域电网上获取电源,为城市提供电能的功能。电力网具有将城市电源输入城区,并将电源变压进入城市配电网的功能。

8.城市燃气工程规划的主要任务与内容

（1）主要任务

根据城市和区域燃料资源状况,选择城市燃气气源,合理确定规划期内各种燃气的用量,进行城市燃气气源规划;确定各种工期设施的规模、布局;选择确定城市燃气管网系统;科学布置气源气化站等产、供气设施和输配气管网;制定燃气设施和管道的保护措施。

（2）主要内容

1）城市总体规划中的主要内容:预测城市燃气负荷;选择城市气源种类;确定城市气源厂和储配站的数量、位置与容量;选择城市燃气输配管网的压力级制;布局城市输气干管。

2）城市分区规划中的主要内容:确定燃气输配设施的分布、容量和用地;确定燃气输配管网的级配等级,布局输配干线管网;估算分区燃气的用气量;在市区规划阶段,另外在确定规划范围内生命线系统的布局,以及维护措施。

3）城市详细规划中的主要内容:计算燃气用量;规划布局燃气输配设施,确定其位置、容量和用地;规划布局燃气输配管网;计算燃气管网管径。

（3）城市燃气工程系统构成:气源、储气工程、输配气管网工程

气源具有为城市提供可靠的燃气气源的功能,城市燃气类型主要有:天然气、煤制气、油制气、液化气等。储气工程具有储存、调配,提高供气可靠性的功能;输配气工程具有间接、直接供给用户用气的功能。

9.城市供热工程规划的主要任务与内容

（1）主要任务

根据当地气候条件,结合生活与生产需要,确定城市集中供热对象、供热标准、供热方式;确定城市供热量和负荷,选择并进行城市热源规划,确定城市热电厂、热力站等供热设

施的规模和布局;布置各种供热设施和供热管网;制定节能保温的对策与措施以及供热设施的防护措施。

(2)主要内容

1)城市总体规划中的主要内容:预测城市热负荷;选择城市热源和供热方式;确定热源的供热能力、数量和布局;布局城市供热重要设施和供热干线管网。

2)城市分区规划中的主要内容:估算城市分区的热负荷;布局分区供热设施和供热干管;计算城市供热干管的管径。

3)城市详细规划中的主要内容:计算规划范围内热负荷;布局供热设施和供热管网;计算供热管道管径。

(3)城市供热系统构成:热源、热力网

热源包含城市热电厂、区域锅炉房等。供热管网工程包括不同压力等级的蒸汽管道、热水管道及换热站等设施。

10. 城市通信工程规划的主要任务与内容

(1)主要任务

根据城市通信实况和发展趋势,确定规划期内城市通信发展目标,预测通信需求;确定邮政、电信、广播、电视等各种通信设施和通信线路;制定通信设施综合利用对策与措施,以及通信设施的保护措施。

(2)主要内容

1)城市总体规划中的主要内容:宏观预测城市近期和远期通信需求量,预测与确定城市近、远期电话普及率和装机容量,确定邮政、移动通信、广播、电视等的发展目标和规模;提出城市通信规划的原则及其主要技术措施;研究和确定城市长途电话网近、远期规划;确定近、远期邮政、电话局所的分布范围、居所规模和局所址;确定近、远期广播及电话台、站的规模和选址,拟定有线广播、有线电视网的主干路规划和管道规划;划分无线电收发信区,并制定相关措施;确定城市微波通道,并制定相应的控制与保护措施。

2)城市分区规划中的主要内容:依据城市通信总体规划和城市分区规划,对分区内的近、远期电信、邮政做微观预测;确定分区长途电话规划;勘定新建邮政局所;明确分区内近、远期广播、电视台站规模给予留用地面积,明确分区内无线电收发信区,并制定相关措施;确定分区电话、有线电视近、远期主干路和主要配线路。

3)城市详细规划中的主要内容:计算规划范围内的通信需求量;确定邮政、电信局所、广播等设施的具体位置、用地及规模;确定通信线路的位置、敷设方式、管孔数、管道埋深等;划定规划范围内电台、微波站、卫星通信设施控制保护界线。

(3)城市通信工程系统的构成

包括邮政、电信、广播、电视、网络等系统。

11. 城市环境卫生设施规划的主要任务与内容

(1)主要任务

根据城市发展目标和城市布局,确定城市环境卫生设施配置标准和垃圾集运、处理方式;确定主要环境卫生设施的数量、规模和布局;布置垃圾处理场等各种环境卫生设施制定环境卫生设施的隔离与防护措施;提出垃圾回收利用的对策与措施。

（2）主要内容

1）城市总体规划（含分区规划）中的主要内容：测算城市固体废弃物产生量，分析其组成和发展趋势，提出污染控制目标，确定城市固体废弃物的收运方案；选择城市固体废弃物处理和处置方法；布局各类环境卫生设施，确定服务范围、设置规模、设置标准动作方式、用地指标等；进行可行性的技术经济方案比较。

2）城市详细规划中的主要内容：估算规划范围内固体废弃物产量，提出规划区的环境卫生控制要求；确定垃圾收运方式；布局弃物箱、垃圾箱、垃圾收集点、垃圾转运站公厕、环卫管理机构等，并确定其位置、服务半径、用地防护隔离措施等。

（3）城市环境卫生工程系统的构成

垃圾处理厂（场）、垃圾填埋场、垃圾收集站、转运站、车辆清洗场、环卫车辆场、公共厕所及城市环境卫生管理设施。

12.城市工程管线综合规划的基本知识

（1）城市工程管线种类

1）按工程管线性能和用途分类：给水管道、排水管道、电力线路、电信线路、热力管道、可燃或助燃气体管道、空气管道、灰渣管道、城市垃圾输送管道、液体燃料管道、工业生产专用管道。

2）按工程管线输送方式分类：压力管道、重力自流管道。

3）按工程管线敷设方式分类：架空线、地铺管线、地埋管线。

4）按工程管线弯曲程度分类：可弯曲管线和不易弯曲管线。

5）通常进行综合的城市工程管线为：给水、排水、电力、电信、热力、燃气管线。

（2）工程管线综合布置避让原则

1）压力管让自流管。

2）管径小的让管径大的。

3）易弯曲的让不易弯曲的。

4）临时性的让永久性的。

5）工程量小的让工程量大的。

6）新建的让现有的。

7）检修次数少的和方便的，让检修次数多的和不方便的。

（3）管线共沟敷设原则

1）热力管不应与电力、通信电缆和压力管道共沟。

2）排水管道应布置在沟底，当沟内有腐蚀性介质管道时，排水管应位于其上面。

3）腐蚀介质管道的标高应低于沟内其他管线。

4）火灾危害性属于甲、乙、丙类的液体，液化石油气，可燃气体，毒性气体和液体以及腐蚀性介质管道，不应共沟敷设。

5）凡有可能产生相互影响的管线，不应共沟敷设。

13.海绵城市建设的有关内容

（1）基本概念

海绵城市是指城市能够像海绵一样，在适应环境变化和应对自然灾害等方面具有良好的"弹性",下雨时吸水、蓄水、渗水、净水,需要时将蓄存的水"释放"并加以利用。海绵城市建设应遵循生态优先等原则,将自然途径与人工措施相结合,在确保城市排水防涝安全的前提下,最大限度地实现雨水在城市区域的积存、渗透和净化,促进雨水资源的利用和生态环境保护。在海绵城市建设过程中,应统筹自然降水、地表水和地下水的系统性,协调给水、排水等水循环利用各环节,并考虑其复杂性和长期性。

(2)适用范围

适用于以下三个方面:一是指导海绵城市建设各层级规划编制过程中低影响开发内容的落实;二是指导新建、改建、扩建项目配套建设低影响开发设施的设计、实施与维护管理;三是指导城市规划、排水、道路交通、园林等有关部门指导和监督海绵城市建设有关工作。

(3)基本原则

海绵城市建设-低影响开发雨水系统构建的基本原则是规划引领、生态优先、安全为重、因地制宜、统筹建设。

1)规划引领。城市各层级、各相关专业规划以及后续的建设程序中,应落实海绵城市建设、低影响开发雨水系统构建的内容,先规划后建设,体现规划的科学性和权威性,发挥规划的控制和引领作用。

2)生态优先。城市规划中应科学划定蓝线和绿线。城市开发建设应保护河流、湖泊、湿地、坑塘、沟渠等水生态敏感区,优先利用自然排水系统与低影响开发设施,实现雨水的自然积存、自然渗透、自然净化和可持续水循环,提高水生态系统的自然修复能力,维护城市良好的生态功能。

3)安全为重。以保护人民生命财产安全和社会经济安全为出发点,综合采用工程和非工程措施提高低影响开发设施的建设质量和管理水平,消除安全隐患,增强防灾减灾能力,保障城市水安全。

4)因地制宜。各地应根据本地自然地理条件、水文地质特点、水资源禀赋状况、降雨规律、水环境保护与内涝防治要求等,合理确定低影响开发控制目标与指标,科学规划布局和选用下沉式绿地、植草沟、雨水湿地、透水铺装、多功能调蓄等低影响开发设施及其组合系统。

5)统筹建设。地方政府应结合城市总体规划和建设,在各类建设项目中严格落实各层级相关规划中确定的低影响开发控制目标、指标和技术要求,统筹建设。低影响开发设施应与建设项目的主体工程同时规划设计、同时施工、同时投入使用。

(4)城市市政公用设施规划的强制性内容

在城市总体规划中,划定湿地、水源保护区等应当控制开发建设的生态敏感区范围;落实城市水源地及其保护区范围和其他重大市政基础设施。

1)饮用水水源保护区:一般划分为一级保护区和二级保护区,必要时可增设准保护区。各级保护区应有明确的地理界线。

2)河湖水系及湿地保护区:应划定湿地、河湖、水系等蓝线范围。

3)落实并控制城市重要市政基础设施:包括水源、水厂、污水处理厂、热电站或集中锅炉房、气源、调压站、电厂、变电站、电信中心或邮电局、电台等。

四、城市防灾系统规划的主要内容

(一)城市综合防灾减灾规划的主要任务

根据城市自然环境、灾害区划和城市定位,确定城市各项防灾标准,合理确定各项防灾设施的等级、规模;科学布局各项防灾措施;充分考虑防灾设施与城市常用设施的有机结合,制定防灾设施的统筹建设、综合利用、防护管理等对策与措施。

(二)城市综合防灾减灾的规划原则

(1)城市综合防灾减灾规划必须按照有关法律规范和标准进行编制。

(2)城市综合防灾减灾规划应与各级城市规划及各专业规划相协调。

(3)城市综合防灾减灾规划应结合当地实际情况,确定城市和地区的设防标准、确定防灾对策、合理布置各项防灾设施,做到近远期规划结合。

(4)城市综合防灾减灾规划应注重防灾工程设施的综合使用和有效管理。

(三)城市综合防灾减灾规划的主要内容

1. 城市总体规划中的主要内容

确定城市消防、防洪、人防、抗震等设防标准;布局城市消防、防洪、人防等设施;制定防灾对策与措施;组织城市防灾生命线系统。

2. 城市详细规划中的主要内容

确定规划范围内各种消防设施的布局及消防通道间距等,确定规划范围内地下防空建筑的规模、数量、配套内容、抗力等级、位置布局,以及平战结合的用途;确定规划范围内的防洪堤标高、排涝泵站位置等;确定规划范围内疏散通道、疏散场地布局。

(四)城市防灾减灾专项规划的主要内容

1. 城市消防工程设施专项规划的主要内容

(1)根据城市性质和发展规划,合理安排消防分区,全面考虑易燃易爆工厂、仓库和火灾危险性较大的建筑、仓库的布局及安全要求。

(2)提出大型公共建筑(如商场、剧场、车站、港口、机场等)消防工程设施规划。

(3)提出城市广场、主要干路的消防工程设施规划。

(4)提出保障火灾危险性较大的工厂、仓库、汽车加油站等安全的有效措施。

(5)提出城市古建筑、重点文物单位安全保护措施。

(6)提出燃气管道、液化气站安全保护措施。

(7)制定城市旧区改造消防工程设施规划

(8)初步确定城市消防站、点的分布规划。

(9)初步确定城市消防给水规划,消防水池设置规划。

(10)初步确定消防瞭望、消防通信及调度指挥规划。

(11)确定消防训练、消防车通路的规划。

2. 城市防洪工程设施专项规划的主要内容

(1)对城市历史洪水特点进行分析,对现有堤防情况、抗洪能力进行分析。

(2)被保护对象在城市总体规划和国民经济中的地位,以及洪灾可能影响的程度。选定城市防洪设计标准,计算现有河道的行洪能力。

(3)确定规划目标和规划原则。

(4)制定城市防洪规划方案,包括河道综合治理规划、蓄滞洪区规划、非工程措施规划等。

3.城市抗震工程设施专项规划的主要内容

(1)抗震防灾规划的指导思想、目标和措施,规划的主要内容和依据等。

(2)易损性分析和防灾能力评价,地震危险性分析,地震对城市的影响及危害程度估计,不同强度地震下的震害预测等。

(3)城市抗震规划目标、抗震设防标准。

(4)建设用地评价与要求。

(5)抗震防灾措施。

(6)防止次生灾害规划。

(7)震前应急准备及震后抢险救灾规划。

(8)抗震防灾人才培训等。

4.城市防空工程设施专项规划的主要内容

(1)城市总体防护。

(2)人防工程建设规划。

(3)人防工程建设与城市地下空间开发利用相结合规划。

5.城市地质灾害规划的主要内容

地质灾害主要有崩塌滑坡、泥石流、矿山采空塌陷、地面沉降、土地沙化、地裂缝、砂土液化以及活动断裂等。

(1)地质灾害致灾自然背景及发育现状调查。

(2)地质灾害易发区划。

(3)地质灾害防灾减灾规划措施。

(五)其他综合防灾减灾规划的主要内容

除以上灾害的种类外,各城市可根据需要的防、抗灾害具体情况,编制突发事件应急系统、气象灾害、森林防火、防危险化学品事故灾害等专项规划。

五、城市环境保护规划的主要内容

(一)基本概念

城市环境保护是对城市环境保护的未来行动进行规范化的系统筹划,是为有效地实现预期环境目标的一种综合性手段。

(二)基本任务

主要是两方面:一是生态环境保护;二是环境污染综合防治。

(三)主要内容

城市环境规划可分为大气环境保护规划、水环境保护规划、固体废弃物污染控制规

划、噪声污染控制规划。

1.大气环境保护规划的主要内容

(1)大气环境质量规划。

(2)大气污染控制规划。

2.水环境保护规划的主要内容

(1)饮用水源保护规划。

(2)水污染控制规划。

3.噪声污染控制规划的主要内容

(1)噪声污染控制规划目标。

(2)噪声污染控制方案。

4.固体废物污染控制规划的主要内容

(1)固体废物污染控制规划目标。

(2)固体废物污染物防治规划指标主要包括:工业固体废物的处置率、综合利用率;城镇生活垃圾分类收集率、无害化处理率、资源化利用率;危险废物的安全处置率;废旧电子电器的收集率、资源化利用率。

(3)规划内容涉及固体废物污染控制规划,包括生活垃圾污染控制规划、工业固体废物污染控制规划、危险废物污染控制规划、医疗废物安全处置规划等。

六、城市竖向规划的主要内容

城市竖向规划就是在城市规划工作中利用地形达到工程合理、造价经济、景观美好的目的。

(一)城市竖向规划工作的内容

(1)结合城市用地选择,分析研究自然地形,充分利用地形,对一些需要采用工程措施才能用于城市建设的地段提出工程措施方案。

(2)综合解决城市规划用地的各项标高问题,如防洪堤、排水干管出口、桥梁和道路交叉等。

(3)使城市道路的纵坡度既能配合地形又能满足交通上的要求。

(4)合理组织城市用地的排水。

(5)经济合理地组织好城市用地的土石方工程,考虑填方和挖方的平衡。

(6)考虑配合地形,注意城市环境的立体空间美观要求。

(二)总体规划阶段的竖向规划

(1)城市用地组成及城市干路网。

(2)城市干路交叉点的控制标高,干路的控制纵坡度。

(3)城市其他一些主要控制点的控制标高,包括铁路与城市干路的交叉点、防洪堤、桥梁等标高。

(4)分析地面坡向、分水岭、汇水沟、地面排水走向,还应有文字说明及对土方平衡的初步估算。

（三）详细规划阶段的竖向规划的方法

（1）等高线法。

（2）高程箭头法。

（3）纵横断面法。

七、城市地下空间规划的主要内容

（一）地下空间规划的基本概念

1.城市地下空间规划的基本概念

（1）地下空间。地表以下，为满足人类社会生产、生活、交通、环保、能源、安全、防灾减灾等需求而进行开发、建设与利用的空间。

（2）地下空间资源。一是依附于土地而存在的资源蕴藏量；二是依据一定的技术经济条件合理开发利用的资源总量；三是一定社会发展时期内有效开发利用的地下空间总量。

（3）地下空间需求预测。根据城市的社会、经济、规模、交通、防灾与环境等发展要求，在城市总体规划基础上，对当前及未来城市地下空间资源开发利用的功能、规模、形态与发展趋势等方面做出科学预测。

（4）城市地下空间开发利用的深度。

（5）城市公共地下空间。一般包括下沉式广场、地下商业服务设施、轨道交通车站等。

2.城市地下空间开发利用的意义

地下空间是城市重要的、宝贵的空间资源，科学、有序的开发和利用，是节约土地资源、建设紧凑型城市、提高运行效率、增强城市防灾减灾能力的有效途径之一。

3.城市地下空间规划的作用

编制城市地下空间规划，能规范城市地下空间的开发利用，指导城市地下空间的有序规划建设。

（二）城市地下空间规划的主要内容

1.城市地下空间总体规划的主要内容

（1）城市地下空间开发利用的现状评价。

（2）城市地下空间资源的评估。

（3）城市地下空间开发利用的指导思想与发展战略。

（4）城市地下空间开发利用的需求。

（5）城市地下空间开发利用的总体布局。

（6）地下空间开发利用的分层规划。

（7）地下空间开发利用的各专项设施规划。

（8）地下空间规划的实施。

（9）地下空间近期建设规划。

2. 城市地下空间控制性详细规划的主要内容

（1）根据上层规划的要求,确定规划范围内各专项地下空间设施的总体规模、平面布局和竖向分层等关系。

（2）对地块之间的地下空间连接做出指导性控制。

3. 城市地下空间修建性详细规划的主要内容

（1）根据上位规划的要求,进一步确定规划区地下空间资源综合开发利用的功能定位、开发规模以及地下空间各层的平面和竖向布局。

（2）结合地区公共活动特点,合理组织规划区的公共性活动空间,进一步明确地下空间体系中的公共活动系统。

（3）根据地区自然环境、历史文化和功能特征,进行地下空间的形态设计,优化地下空间的景观品质,提高地下空间的安全防灾性能。

（4）根据地下空间控制性详细规划确定的指标和管理要求,进一步明确公共性地下空间的各层功能、与城市公共空间和周边地块的连通方式;明确地下各项设施的位置和出入交通组织;明确开发地块内必须开放或鼓励开放的公共性地下空间范围、功能和连通方式等控制要求。

（三）城市地下空间的规划编制

城市地下空间的规划编制应注意保护和改善城市的生态环境,科学预测城市发展的需要,坚持因地制宜,远近兼顾,全面规划,分步实施,使城市地下空间的开发利用同国家和地方的经济技术发展水平相适应。城市地下空间规划应实行竖向分层立体综合开发,横向相关空间互相连通,地面建筑与地下工程协调配合。

复习思考题

1. 尝试论述你所在城市的交通规划特点、存在的问题,并提出可行性解决方案。

2. 如何理解城市工程系统规划设施选址与城市用地规划的关系?

3. 论述海绵城市建设的必要性及意义。

第八章　3S 技术与城乡规划

　　城市规划是根据城市的社会和经济发展目标对城市建设实施全过程控制的过程,这一过程除取决于城市规划管理体制及规划设计和管理人员的素质外,还取决于对城市历史、现状信息的把握,信息的分析、处理和利用。当今时代已逐步进入信息时代,信息技术的广泛应用带来了一场深刻的信息革命,它对社会和经济发展将产生深远的影响,对城市规划也不例外。信息技术对城市规划的影响表现在对城市规划所需信息的采集、分析、处理和利用方面,更为重要的是它改变了城市规划内部信息流程和城市规划部门与社会的信息交流与反馈机制,进而对城市规划的管理体制产生深远的影响。影响城市规划的信息技术主要包括因特网(Internet)技术、3S 技术(RS、GPS、GIS 技术)、数字化野外测量技术、CAD 技术、虚拟现实技术(virtual reality)。

　　RS 技术、GPS 技术和数字化野外测量技术主要解决了城市规划中空间地理信息采集问题。卫星遥感图像的精度将有可能提高到米级甚至分米级,而无人驾驶的采用 GPS 定位的小型飞机或航空模型装载 CCD 数字相机可以直接、快速地获取高精度城市规划有用的信息和制作数字化影像图和矢量地图。数字化野外测量技术则采用电子平板仪加上 GPS 定位获取高精度的测量电子数据直接输入的计算机系统中,在城市规划中应用。GIS 与 CAD 技术主要解决现实地理空间的数字模型问题,利用 GIS 与 CAD 技术可以构造与现实地理空间对应的虚拟地理信息空间,并可以用数字模型对现实地理空间的现象和过程进行模拟和仿真,进行预测。利用 GIS 技术建立的城市空间基础数据库和各种专题数据库(如人口、交通、地下管理线等)使城市规划中所需的信息数字化,使规划师和规划管理人员更容易获取。因此,本章节重点介绍 3S 技术在城乡规划中的应用,并从软件实例加以演示。

第一节　3S 技术简介

　　"3S"是地理信息系统、遥感和全球定位系统 3 个名称的英文缩写,是 GIS、RS、GPS 这 3 项相互独立而在应用上又密切关联的高新技术的简略统称。3S 技术的集成是当前测绘技术、摄影测量和遥感技术、地图制图技术、图形图像技术、地理信息技术、计算机技术、专家系统和定位技术及数据通信技术的结合与综合应用。

　　(1)地理信息系统(geographic information system)是在计算机软件和硬件支持下,以一定格式输入、存储、检索、显示和综合分析应用的技术系统,具有数据输入、存储、编辑、操作运算、数据查询检索、应用分析、数据显示及结果输出、数据更新等基本功能,具有标

准化、数字化和多维结构等基本特点,是综合处理与分析多源时空数据的理想平台,是空间信息的"大管家"和公共的地理定位基础。

(2)遥感(remote sensing)利用飞机、卫星等空间平台上的传感器(包括可见光、红外、微波、激光等传感器),从空中远距离对地面进行观测,根据目标反射或辐射的电磁波,经过校正、变换、图像增强和识别分类等处理,快速地获取大范围地物特征和周边环境信息,获得实时、形象化、不同分辨率的遥感图像,具有探测范围大、资料新颖、成图速度快、收集资料方便等特点,遥感图像具有真实性、直观性、实时性等优点。

(3)全球定位系统(global positioning system)是一种同时接收来自多个卫星的电波信号,以卫星为基准求出接收点位置的技术,由空间卫星(均匀分布在6个轨道平面的24颗卫星)、地面监控站和用户接收机几部分组成,具有定位精度高、观测时间短、无须通视、操作简便、全天候作业等特点,不仅可以用于测量、导航,还可用于测速、测时等,提供野外基础测绘的控制数据。

3S技术的发展,从不同方面改变了人类获取信息、处理信息的手段。3S的集成,就是有效利用各种技术的优势改变过去完全依靠人工野外勘测、数据采集、图件清绘、数据加工的历史,提高信息采集、整理和再加工的自动化程度,逐步实现空间信息获取、建库、管理的一体化。

第二节　3S技术在城乡规划中的应用概述

一、RS在城乡规划中的应用

城市规划工作是进行城市建设和指导城市发展的"龙头"和基础,它在城市可持续发展中所起的作用日益重要,而城市规划的基础平台是信息——包括城市资源、环境、物流、人力等,随着城市发展速度的加快,信息的日新月异和空间结构的复杂化,使传统手工数据采集获得信息的手段很难满足规划及管理的需要,解决这一问题的关键便是发展高精度遥感技术。遥感技术是建立在现代物理学、电子计算机技术、数学方法和地学规律基础上的一种多学科组成的综合性科学,其基本概念可简述为:从不同高度的平台使用传感器收集地物的电磁波信息,再将这些信息传输到地面并加以处理,从而达到对地物的识别监测的全过程。它在城市规划管理工作中的应用基于以下几个方面。

(1)土地资源作为城市发展的载体,是城市规划最主要的关注因素。土地的性质和利用现状是动态变化的,要随时掌握其特征,用卫星遥感影像作为信息来源应是现代城市最常用的手段,可实现对土地资源利用的适时调查和动态监测,为加强土地资源的管理、优化政府部门决策提供有力支持。

(2)通过对不同时期遥感资料的分析,可全面、系统地研究城市发展轨迹和时空变化规律,结合各时期城市建设管理环境等因素,对城市变迁、发展、人文环境变化进行动态分析和研究,为城市规划发展提供信息资源。

(3)环境条件如温度、湿度的改变和环境污染会引起地物波谱特征发生不同程度的变化,而地物波谱特征的差异正是遥感识别地物最根本的依据。通过遥感图像特征分析,为环境监测——包括水质、土壤、固体废物污染、城市热岛效应等提供有关资料及数据。

(4)利用遥感获取的数字化影像可制作"4D"产品——数字正射影像 DOM、数字高程模型 DEM、数字栅格地图 DRG、数字线划地图 DLG,为城市基础地理信息系统提供翔实、可靠的数据来源,并使城市规划设计实现人机对话式操作。此外,以遥感资料为基础,可制作城市地形图、交通图等各种专题及综合图件。

二、GIS 在城乡规划中的应用

GIS 作为集测绘学、环境科学、城市信息学、地球管理科学和计算机技术等为一体的综合性学科,是对描述地理环境信息的地理坐标及相关信息进行采集、贮存、管理、分析和制图,并与计算机软件相结合的综合性技术系统。随着城市规划管理办公自动化的发展,GIS 在其中的应用将日益普及,主要基于以下 5 个方面。

(1)利用基于城市小比例尺如 1∶5 000、1∶10 000 的地形图建立的图形信息系统,对城市整体或分区域建立空间模型,并通过 GIS 数据库中对应的相关信息如道路、建筑、人口、公共设施等进行查询,为城市总体规划编制提供直观、详细、完整的科学信息。

(2)土地资源利用的规划管理是城市规划设计的重要载体。利用 GIS 技术的海量存储数据和强大的图形操作功能,对土地管理实现集成化,可以即时方便地了解城市土地利用状况及土地权属界线等信息,使城市规划用地更具科学性和透明性,给城市土地利用的合理使用以强大支持。

(3)城市建设中的每幢建筑物修建前必须经过政府主管部门批准,这是一项工作量巨大,但同时又必须做到细致准确的工作。利用城市地理信息系统,修建建设项目申请卡并记录到属性数据库中,其中的建筑物地址与地块空间、周围建筑及环境相关联,可以方便地进行审批工作,还可以以数字化地形图为背景,在电脑上进行建设工程规划定位,极大地提高规划工作的效率。

(4)利用城市地理信息系统建立专一的城市交通管理信息系统 GIS-T(即 GIS 与 TIS 交通信息系统的结合体),包括城市道路红线位置、绿线宽度、主干道车辆流量、人行道上人流量等进行分析、统计,可以实时了解城市道路状况,为市政道路设计提供可靠依据,并为城市交通管理提供有效信息。

(5)对城市的旧城区进行合理改造是城市规划部门的重要工作之一,而拆迁补偿是旧城改造的关键,测量拆迁量的核心是总建筑量,通过 GIS 数据库中既能反映建筑基底边界,又能包含建筑物层数、退进变化的高精度三维地理模型,可以快速实现拆迁总量的调查。

三、GPS 在城乡规划中的应用

全球定位系统 GPS 有定位精度高、速度快、成本低、操作方便、全天候作业等特点,目前已成为世界上应用范围最广泛、实用性最强的全球精密授时、测距、导航、定位系统。以美国 GPS 技术、俄罗斯 GLONASS 和中国北斗为代表的卫星导航定位系统在世界范围内

得到了广泛的认可与应用。目前正在建设过程中的卫星导航定位系统还有欧洲伽利略计划、印度卫星导航系统和日本"准天顶卫星系统"等。

目前,GPS技术已经广泛服务于城市规划、市建设、工程测量、交通设计、基础施工等实践,并随着我国数字城市建设以及城市信息化进程的推进,GPS技术正在不断渗透到社会的各个领域。GPS技术在城市交通规划中已经得到了广泛应用,可为城市交通规划编制提供准确的交通流量、流向等数据。在大数据(big data)快速发展的今天,结合公交车、出租车等公共交通GPS位置信息进行交通出行方式、出行时间、出行空间等的分析研究日益增多,为实时、准确把握城市与区域规划中的城市空间联系、城市内部结构组织等提供了强有力的数据与方法支撑,提高了相关规划内容的科学性与有效性。

四、3S集成技术在城乡规划中的应用

(一)3S集成技术介绍

3S集成技术是将GPS、GIS和RS技术在不同层次融合、构建一个在线连接、实时处理的有机整体,实现三者之间的优势互补,构建"一个大脑,两只眼睛"的框架,达到1+1+1>3的技术实用效果。作为实时、客观获取空间信息的新兴技术手段,RS技术和GPS技术成为地理信息系统的重要数据来源,而通过GIS对其获得的数据进行处理和分析,可以提取各种有用信息,以进行决策支持,见图8-1。GPS、GIS和RS技术三者的集成利用,构成了多层次、多元化、多实效的对地观测、分析和应用系统,提高了各个技术的应用水平和应用效率;在实际应用中,常见的是3S技术的两两集成,包括GIS+RS为定位遥感信息进行几何校正、分类验证和定位信息的分析和管理,GIS+GPS能够实现对地理信息数据的定位查看和几何配准,以及RS+GPS之间为用户提供实时性的定位查询专题信息。

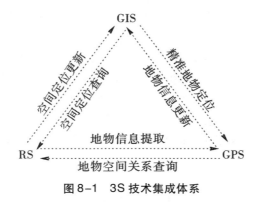

图8-1　3S技术集成体系

(二)3S集成技术在城乡规划中的应用

1. 信息采集与数据更新

城市环境信息涉及宏观和微观、区域和局部、动态和静态、定性和定量的因素,包括地貌、大气、土壤、植被、水体、居民、道路等自然和人文各个方面。3S技术可用于采集宏观的、区域乃至全球的、动态的、综合的环境信息,辅之以常规的环境信息采集手段,就可实

现综合、系统的城市环境信息采集。

遥感是采集在城市环境信息的主要技术手段。利用卫星遥感影像，通过图像处理，按照城市环境要素的遥感图像解译标志进行环境信息的提取，可以获取城市生态和人文环境变化的基本数据和图像资料，提取城市规划所需的许多相关信息，从而获得城市环境污染、热岛效应、土地利用、城市绿化、道路布局、建筑物分布等方面的特征。其关键技术是图像处理、解译、模式识别以及图像信息的量化。GIS 技术与遥感相结合，可高效率地完成 RS 影像的定位和地形校准工作，实现区域精确定位。GPS 技术配合常规测量技术可实现对城市土地利用状况进行动态综合监测，并为城市土地资源管理提供实时动态的信息。利用地理信息系统的数据采集模块，可将常规方法观测得到的城市环境数据输入地理信息数据库，并结合 GPS 库中已有的环境信息、遥感环境信息进行复合和叠加，实现城市环境信息的统一管理。

城市规划的基本条件就是大比例尺地形图，但传统的线划地图不仅建立周期长，更新困难，而且比较抽象，已经从原始信息中筛去了很多环境成分。4D 产品包括数字线划地图、数字高程模型、数字栅格地图、数字正射影像图，是新一代测绘产品的标志，有着现势性强，更新速度快，信息含量丰富等优点，将转变传统地图的观念，加快数据更新，丰富表现手段，也是对传统测绘方法的现代化改造。

2. 现状调查与动态监测

城市规划的初始阶段就是现状调查，往往要耗费大量的人力、物力、财力，又难以做到实时、准确。运用 RS 技术可以迅速进行城市地形地貌、湖泊水系、绿化植被、景观资源、交通状况、土地利用、建筑分布的调查；运用 GIS 技术则能将大量的基础信息和专业信息进行数据建库，实现空间信息和属性信息的一体化管理与可视化表现，提供方便的信息查询和统计工具，克服 CAD 辅助制图的局限性。

城市发展是一个动态的过程。城市发展变化监测的实现，有赖于信息的适时更新和对信息的空间分析与综合处理。由于遥感信息具有多时相、多波谱、多领域的特性，因而是进行城市发展变化动态监测的高效信息源。其关键在于建立科学的监测模型，并对信息进行有效的处理，从而实现对城市变化的动态监测。

利用 GIS 强大的空间分析和数据处理功能，并结合选定的监测模型，可对多源城市信息进行处理，从中找出城市演变的规律。通过不同时段城市信息的对比和综合分析，能更好地实现对环境信息的综合监测。此外，利用 GIS 的专题制图功能，可将城市变化过程用直观的图件形式予以显示。

3. 模拟与预测

城市环境演变的动态过程需进行数值模拟，并结合资料分析对未来一段时间内的城市环境演变状况进行预测，为城市规划和管理提供决策依据。GIS 是进行城市环境演变模拟和预测的有力工具，它还可与空间分析、预测等模型相结合。必要时，可在充分利用 GIS 相关功能模块的基础上，通过 GIS 的二次开发实现城市环境演变动态模拟与预测。一般是利用回归分析、因素叠置分析的模式进行。其基本思想是首先对环境因子中重要的要素进行单要素回归分析，并建立每一要素的回归方程，再利用它对未来时段内该要素的演变趋势做出预测，然后利用 GIS 的空间叠置分析功能将所有的要素预测状况进行综合分析,从而得出预测结果。如果将回归方程拟合以往的演变状况,并以数值或图件形式进行重现,则可探索演变机理。也可通过建立多因素综合回归模型进行预测和模拟,此时关键在于回归模型的建立及其与GIS的结合。

4. 分析与评价

GIS可方便地进行城市环境的分析和评价。利用GIS进行城市环境评价,首先要选定有代表性的评价因子,并从GIS数据中提取出与这些因子有关的几何和属性信息进行关联。评价的方法,一是直接利用GIS的功能模块完成。另一种则是根据评价的数学模型建立具有评价功能的空间分析模型,然后将GIS与相应的环境空间分析模型相结合进行。这种结合一般有两种形式:①充分利用GIS软件所提供的建模功能,在GIS内部建立简单的模型,减少GIS和模型间结合对界面的需求,使GIS空间分析一体化,即GIS内嵌空间分析评价模块;②在GIS的外部建立分析评价模型,然后在GIS软件和空间分析评价软件之间增加数据交换接口,使得空间分析数据及相关的影响因素、空间分析结果能在GIS系统中以各种简单或复合的图形形式显示出来,即GIS外挂空间分析模块,二者互相结合进行评价。

同时,可以利用多个时期的航空遥感影像图进行城市用地变迁动态研究,结合数理统计方法进行城市重心移动、离散度、紧凑度和放射状指数等形态测度评价,利用叠加分析、缓冲区分析、拓扑分析等工具进行商业服务设施和中小学的服务范围分析、交通可达性评价和建设条件适宜性评价,这有助于总结城市发展规律,发现存在的问题,增加空间分析的深刻性。

5. 三维显示

3S技术和虚拟现实(virtual reality,VR)技术的不断发展,使得规划中的未来城市形象得以以三维形式仿真地显示,从而满足人们视觉、听觉甚至是触觉的感观需求。其中涉及的关键技术有动态环境建模技术、实时三维图形生成技术、立体显示和传感器技术、系统开发工具使用技术和多种系统集成技术等。而在城市规划中最为烦琐的就是虚拟环境的建模问题。这种建模应该依据不同的事物区别对待,主要包括天空建模、地表状况建模、建筑物建模、运动物体(行人、车辆等)的建模等。通过这些技术,就可以使城市规划中原有的一些可以意会而不可言传的东西,以一种直观的面貌展现出来,让人们对未来城市"身临其境",并可对城市历史景观进行恢复与再现。

6. 交通调查与模拟分析

利用GIS进行城市交通小区出行分布的数据建库,可以对现状路网密度、出行距离和时间、交通可达性、公交服务半径进行合理性评价,结合专业软件能进行城市交通的规划预测、出行分布和流量分配,开展交通环境容量影响评价。利用遥感数据进行道路勘测设计,可以快速完成对路线所经区域的地形、地貌、河流、建筑以及交通网系的概要判读。利用虚拟现实技术和三库一体(影像数据库、矢量图形库、数字高程模型)技术可以进行道路方案的仿真表现和环境模拟,实现全方位、立体化、多层次的规划和评价新模式。

7. 方案评价与成果表现

针对规划方案,进行土地价格分布影响、土石方填挖平衡、房屋拆迁量计算等经济分析,结合专业模型进行城市外围用地建设适宜性评价、内部用地功能更新时序分析、发展方向与用地布局优化研究,可以预测和评价规划方案的社会效益和经济合理性。利用GIS 的专题图丰富规划成果的表现形式。利用遥感、摄影测量和虚拟现实技术可以建立规划蓝图的动态模型,重现历史,展示未来,加强城市规划的宣传性。

城市总体规划成果表达的图纸有:城市现状图、城市用地评价图、城市环境质量现状分析或评价图、城市规划总图、城市各项工程规划和专业规划图、城市近期建设规划图、城市郊区规划示意图、城市城镇体系规划图。城市详细规划成果表达的图纸有:规划用地区位图、规划用地现状图、土地利用规划图、道路交通规划图、公共建筑与服务设施规划图、环境景观规划图、工程管线规划图。无论是总体规划还是详细规划图纸有很多(现状图、区位图等),都可直接从地理信息系统"GIS"中获取数据生成图纸;还有部分图纸(城市用地评价图、土地利用规划图、道路交通规划图等)则可从"GIS"中获取相应的"兴趣"数据进行数据处理,快速得到图纸。

8. 信息发布与公众参与

利用计算机网络可以进行规划方案的信息发布、网上公示、意见征集和动态查询,在互联网上开展公众参与,变闭门造车的传统模式为多方参与、重在过程的开放模式,提高城市规划的法律基础和群众基础。

9. 规划管理

基础信息和规划信息的集成建库将使规划设计与规划管理更紧密地结合起来,可以在 GIS 平台上开展电子报批和网上报批,提高指标核算的科学性,避免地区规划的前后矛盾和土地批租的"一女两嫁"。

10. 执法监察

3S 技术的集成还促进了土地利用动态监测和规划执法检查,可以利用遥感卫星数据与历史数据进行复合分析,主动发现土地利用的变化靶区,用差分 GPS 技术精确测量土地利用的变化数据,再根据现场勘察资料,利用 GIS 技术进行准确详查,增加了监测的主动性、及时性和客观性。

11. 城市防灾

通过对遥感信息的解译和专题提取,获取兴趣(地物、地貌)信息用于系统和灾害分析,雷达影像数据用于汛期灾情的监测与快速评估,基于图像处理、像片解译和专家系统的遥感作为灾害检测信息源,具有信息量大、更新快和极强现势性等特点,便于监测数据和灾害信息更新,是自动监测特别是自然灾害(洪水、森林病虫害、风灾、干旱)的最理想的信息源;地理信息系统(GIS):随信息技术、计算机技术和现代通信技术的发展,地理信息系统对多源信息处理和空间数据分析得到了飞速发展,对自动监测数据的存储、处理、传输以及发布具有前沿优势,例如"洪水淹没模型分析""位移自动监测处理信息系统"等可对各种灾变进行预警并向政府提供决策依据;全球定位系统(GPS)用于野外空间定位数据的采集、存储、处理和传输,确定自然灾变的空间位置和发展势态,与精密水准仪、数字水准仪、高精度经纬仪或全站仪进行垂直和倾斜位移数据采集,提取自然或工程灾害数据,结合"RS"信息,为城市灾害监测系统提供可靠信息。

第三节 大数据在城乡规划中的应用

城市规划建设离不开现代技术,在城市规划中应用大数据技术,随着社会的全面发展,科学技术水平不断提升,诸多新型技术开始得到了各个领域的应用,并也获得了理想的应用效果。特别是在大数据背景下,更多地凸显了其应用价值。随着大数据时代的来临,把信息技术运用到城市规划设计环节中,能够有效地提升城市规划设计的精准性和高效性,为城市提供数据管理和智能决策功能,对当前城市建设中资源配置进行优化,从而提升城市的综合能力。

一、大数据的概念与基本特征

(一)大数据的概念

大数据(big data)源于互联网领域,它最初用于描述大量需要同时处理或分析的数据集,以更新 Web 搜索索引。目前公认的大数据定义为所涉及的资料量规模巨大的,在合理时间内传统数据处理应用软件不足以对有价值的信息进行提取、管理、处理,并整理成可供直接参考、辅助决策的海量数据,具有海量性、多样性、高速性以及价值性的特点。大数据的意义不在于庞大的数据集合,而是通过合理的工具对数据进行专业化处理,挖掘其背后隐藏的巨大价值。

(二)大数据的基本特征

1. 海量性

数据容量大,从 TB 级别跃升到 PB 乃至 EB 级别。信息量的庞大性,可以给应用对象提供精准的数据支持,并且保证其应用价值的全面提高。

2. 多样性

在大数据时代,数据格式变得越来越多样,涵盖了文本、音频、图片、视频、模拟信号等不同的类型;数据来源也越来越多样,不仅产生于组织内部运作的各个环节,也来自组织外部。

3. 快速度

处理速度快,时效性要求高。这是大数据区分于传统数据挖掘最显著的特征。

4. 真实性

数据价值密度相对较低。如随着物联网的广泛应用,信息感知无处不在,信息海量,但价值密度较低,如何通过强大的机器算法更迅速地完成数据的价值"提纯",是大数据时代亟待解决的难题。

二、大数据在城乡规划中的应用

城市规划的研究和编制中需要对大量的城市基础信息进行采集和处理,涉及的大数据类型有感知数据、新媒体数据、城市交通数据、政府公开数据和网络开源数据等。在应用方面,经过对大数据论文的阅读与分析,大数据在城市规划领域研究应用主要集中在城市空间、城市人口流动与行为特征、城市交通、城市管理与公众参与等领域。

1. 城市空间

随着"流空间"研究的不断深入,利用大数据中"人流""物流""信息流"来研究城市间的关联度,从而判定城市群的等级关系受到学者的青睐。姚凯等利用手机用户时空活动轨迹对区域内城市网络联系强度进行模拟,为南昌大都市多中心城镇体系、构建城镇组群、优化主要廊道的策略提供了定量分析支持。

通过网络定位、手机信令数据识别空间热点,对城市空间结构和城市功能混合度进行评价也是研究的热门方向。吴志强等利用百度地图热力图,通过分析人群的集聚度、集聚位置、人口重心等指标,分析了上海市中心城区空间结构。钮心毅等对移动信令数据进行空间处理,识别出上海市公共中心等级和类型,并对功能区地块的混合度进行判定。同时梅梦媛等利用夜间灯光、微博签到等多源数据对城市建设用地进行模拟,实现城市开发边界的划定。

2. 城市人口流动与行为特征分析

人的活动信息是大数据的重要来源之一,通过关注人的行为特征与活动路径,可以挖掘人的真实诉求,实施人口流动监测、特征人群识别和行为特征分析等。王婧等基于百度迁徙数据和人口普查数据探讨了京津冀地区人口时空变化特征和影响因素。谢彦敏等利用地铁刷卡数据对深圳市居民通勤结构进行了分析,揭示了特征人群的经济社会属性对职住空间选择影响较大。

3. 城市交通

大数据在城市交通中的应用较为成熟,主要集中在道路交通评价、最优化路线分析和出行目的与出行模式研究等领域。于伶姿基于出租车 GPS 轨迹数据最大还原城市道路的时效性,结合公交站点的数据与全局最优的思想,制定出了客流量最大、运行时间最少的城市公交路线。龙瀛等利用公交 IC 卡数据对持卡人通勤出行的方式和目的地进行了识别,展示了北京整体的通行形态,为研究城市系统的时空间动态发展规律提供借鉴。

4. 城市管理与公众参与

随着空间规划体系的转变和居民主体性意识的提高,大数据的应用在城市管理与公众参与领域极为重要。许多城市已经展开了空间规划"多规合一"平台的搭建,在横向上将不同部门之间的数据进行融合与共享,破除信息壁垒以实现更加科学的决策;在纵向上进行不同空间尺度和行政层级信息的对接,有助于宏观上对资源的调控与引导。同时城市动态发展的信息也需要向社会进行展示并接受监督,目前政府、规划机构已经开通了微信公众号、微博账号等,旨在搭建社会与规划编制者的沟通平台,促进公众参与。

第四节　ArcGIS 软件在城乡规划中的应用

3S 技术主流软件有 ArcGIS、ENVI、ERDAS 等,其中 ArcGIS 软件是地理信息空间采集、存储、管理、空间分析和可视化的主要国际化平台。本节重点介绍 ArcGIS 软件在城乡

规划编制中的主要应用和优势。

一、ArcGIS 平台简介

本书在城乡规划应用中用到的是桌面 GIS(ArcGIS Desktop),ArcGIS Desktop 是一系列整合的应用程序,通过通用的应用界面,可以实现任何从简单到复杂的 GIS 任务。它可用于处理各种日常 GIS 活动,如制图、数据编辑和管理、空间分析以及创建可供所有用户使用的地图和地理信息。

ArcGIS Desktop 包括三个不同许可级别的产品:ArcView、ArcEditor 和 ArcInfo,每个产品的功能依次增强,如图 8-2 所示。

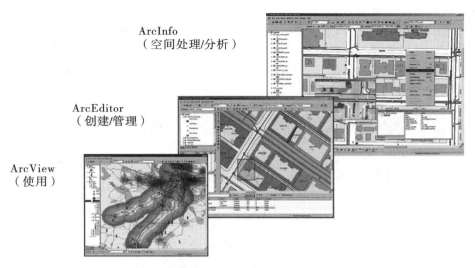

ArcInfo
（空间处理/分析）

ArcEditor
（创建/管理）

ArcView
（使用）

图 8-2　ArcGIS Desktop 产品的许可级别

ArcGIS Desktop 是一个系列软件套件的总称,它包含了一套带有用户界面的 Windows 桌面应用程序:ArcMap、ArcCatalog、ArcGlobe 和 ArcScene。每一个应用程序都集成了 ArcToolbox 和 ModelBuilder 模块。

1. ArcMAP

ArcMap 是 ArcGIS Desktop 中一个主要的也是 GIS 用户最常使用的应用程序,用于显示和浏览地理数据。用户可以设置符号、创建用于打印或发布的地图、对数据进行打包并共享给其他用户等。ArcMap 通过一个或几个图层表达地理信息,并提供两种类型的地图视图:地理数据视图和地图布局视图。在地理数据视图中,能对地理图层进行符号化显示、分析和编辑 GIS 数据;在地图布局窗口中,可以处理地图页面、进行地图制图,如设置比例尺、图例、指北针和空间参考等,如图 8-3 所示。

ArcMap 也是用于创建和编辑地理数据的应用程序,还提供了强大的地理处理和分析功能,可以构建模型并执行工作流,如图 8-4 所示。

图8-3　　　　　　　　图8-4

2. ArcCatalog

ArcCatalog 应用程序是 ArcGIS Desktop 组织和管理各类地理数据的目录窗口。在ArcCatalog 中可组织和管理的地理信息,包括:地理数据库、栅格和矢量文件、地图文档、GIS 服务器等,以及这些 GIS 信息的元数据信息等。ArcCatalog 将地理数据组织到树视图中,从中用户可以管理地理数据、ArcGIS 文档、搜索和查找信息项等。允许用户单独选择某个地理数据,查看它的属性、访问对应的操作工具,图 8-5 是 ArcCatalog 对地图数据的预览界面。

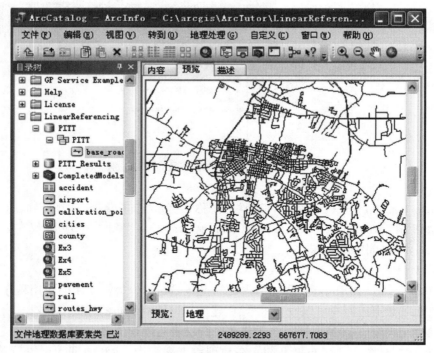

图8-5　ArcCatalog 中地图数据的预览

3. ArcGlobe

ArcGlobe 是 ArcGIS 桌面系统中 3D 分析扩展模块中的一个部分,为查看和分析 3D GIS 数据提供了一种独特而新颖的方式:具有空间参考的数据被放置在 3D 地球表面上,并在其真实大地位置处显示。ArcGlobe 提供了对全球地理信息连续、多分辨率的交互式

浏览功能,支持海量数据的快速浏览。如同 ArcMap 一样,ArcGlobe 也是使用 GIS 数据层来组织数据,显示 Geodatabase 和所有支持的 GIS 数据格式中的信息。ArcGlobe 在三维场景下可以直接进行三维数据的创建、编辑、管理和分析。同时,ArcGlobe 创建的文档(﹡.3dd)可以使用 ArcGIS Server 发布服务,并向众多 3D 客户端提供服务,如 ArcGlobe、ArcGIS Explorer 以及 ArcGIS Engine 开发的应用程序等。图 8-6 是 ArcGlobe 的运行界面。

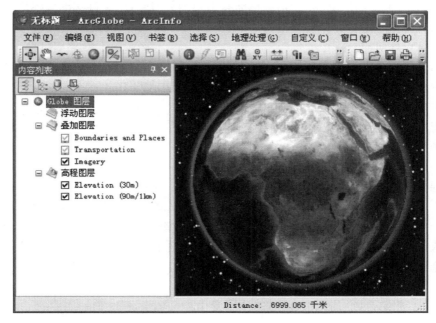

图 8-6　ArcGlobe 运行界面

4. ArcScene

ArcScene 也是 ArcGIS 桌面系统中 3D 分析扩展模块中的一个部分,适合于展示三维透视场景,适用于对数据量比较小的场景进行可视化和分析。通过提供相应的高度信息、要素属性、图层属性或三维表面,能够以三维立体的形式显示要素,而且可以采用不同的方式对三维视图中的各图层进行处理。图 8-7 是使用 ArcScene 展示某地区地形的界面。

图 8-7

二、ArcGIS 在城乡规划中的作用

ArcGIS 提供了强大的空间分析功能和模拟,使其广泛用于城乡规划的辅助设计、空间控制、辅助决策等工作当中。

1. 现状调研阶段

可以利用 ArcGIS 采集、组织和管理现状数据,如土地使用现状数据、道路数据、市政设施数据、地形数据、影像数据等。

2. 现状分析阶段

· 利用 ArcGIS 的叠加分析功能,计算容积率、评价用地的适宜性。

· 利用空间统计功能,挖掘地理事物的空间分布规律。

· 制作土地利用现状图。

· 利用交通网络进行设施优化布置和可达性分析。

· 利用空间相互作用模型分析城镇的吸引力和势力圈,用于行政区划调整。

· 构建虚拟城市,利用三维分析实现城市规划。

3. 规划设计阶段

· 结合城市演变模型预测城市演变。

· 通过多准则决策分析,预测不同政策条件下的用地变化。

· 市政和公共设施布局的优化。

· 规划景观的实施模拟。

· 场地填挖方分析。

· 规划制图等。

4. 规划实施阶段

· 管理规划编制成果、基础地形、市政管线及相关的各类信息,为规划业务提供信息。

· 利用规划管理信息系统,开展各类建设许可业务。

· 决策时,模拟建设的三维场景,用于多方案选择和方案优化。

· 查验项目申报是否符合相关规划等。

5. 评价、监督阶段

· 和 RS 相结合,监测城市、区域的环境变化。

· 检查建设项目是否符合规划。

· 检讨规划的实施效果。

三、ArcGIS 在城乡规划中的应用优势

1. 建立高效集中的规划信息数据系统

我们可以将大量的纸质资料和 CAD 等多种形式的资料转化为数字资料放入 ArcGIS 进行管理、分析和应用,并且可以根据不断的更新数据库,实现从静态转化为动态的可持续规划。具体可以用一个拥有万件藏品的博物馆为例,以往的规划制图系统是以藏品的年代和外形区分的展区,藏品的具体位置要靠管理员的记忆力和熟悉度。而 GIS 则是通过建立藏品索引对应至每个展区,高效、准确、快捷地提供每件藏品的各种信息。

2. 形成三维空间展示真实环境

ArcGIS 可以将二维数据转化为直观的三维空间,并通过空间分析得到需要的数据,快速、准确地用立体造型展现地理空间形象,避免了只能想象现状实际和规划方案呈现的空间效果等情况。

3. 增强城乡规划成果的合理性和准确性

ArcGIS 具有对属性数据及空间数据强大的分析能力,可以实现对规划区内各要素的多因子进行叠加分析,这种直观而理性的空间分析可以辅助规划师模拟、选择和评估规划

方案,直观和理性分析功能大大提升了城乡规划成果质量。

第五节 3S 技术应用实例——现状容积率统计

一、实验简介

旧城区的控制性详细规划往往需要对现状容积率进行统计,将它作为规划容积率的参考,在传统的 CAD 技术环境下是一件极其费时费力的工作,利用 ArcGIS 可以快速统计出各个地籍地块的现状容积率。

二、属性连接

建筑外轮廓线和层数是计算建筑面积的两个基本要素,城市规划一般使用 AutoCAD 格式的地形图,我们把其中的建筑外轮廓线提取出来转换成 ArcGIS 的格式,并让建筑自动拥有层数属性。

(1)启动 ArcMap,新建空白文档,在目录树中将"建筑. dwg"下的"Polygon"和"Annotation"要素类拖拉到 ArcMap 界面中,其中"建筑. dwg Annotation"是建筑层数的注记要素类,该要素类的【Text】属性列记录的是建筑物的层数;"建筑. dwg Polygon"表示的是建筑物的轮廓数据,如图 8-8 所示。

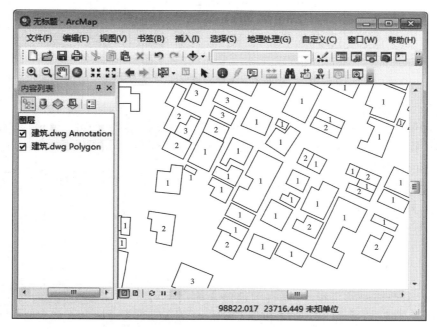

图 8-8 加载的 Autocad 数据

（2）使建筑物轮廓要素类拥有层数的属性。打开"建筑.dwg Polygon"的属性表，单击 ▤ ▾ 下面的【连接和关联】后的【连接】选项，打开【连接数据】对话框，在【要将哪些内容连接到该图层】中选择"某一空间位置的另一图层的数据"，设置要连接的图层为"建筑.dwg Annotation"，选择【每个面都被指定与其边界最接近的点的所有属性……】，并为连接结果指定保存路径和名称，如图8-9所示。

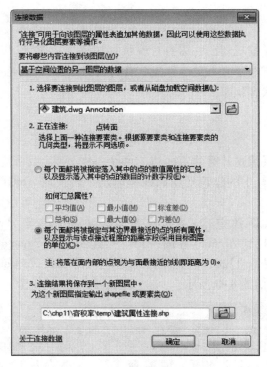

图8-9 连接数据对话框

（3）连接后导出的数据被加载到 ArcMap 中，打开"建筑属性连接.shp"的属性表，删除【Text】字段的其他字段，至此，即可得到一个拥有层数属性的要素类，如图8-10所示。其中【Shape】和【Fid】字段为 shapefile 文件系统产生的字段，不允许删除。

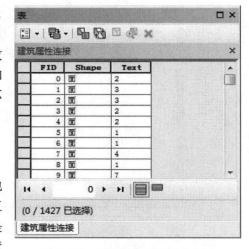

图8-10 删除字段后的属性表

三、叠置分析

要统计每个地块的容积率，需要知道每个地块内有哪些建筑，这里需要用到【相交】分析工具，对建筑和地块要素类求相交，相交的结果是得到两个要素类的交集部分，并且得到的新要素

类将同时拥有两个要素类的所有属性,这里将得到拥有地块编号属性的建筑。

(1)加载"地籍边界"要素类(位于……),这里以地籍边界为基本单元,统计各个地块的容积率。

(2)单击【地理处理】菜单下的【相交】选项,或者通过单击 ArcToolbox 工具箱,双击【分析工具】—【叠加分析】后的【相交】工具,打开"相交"对话框,单击【输入要素】后的▼输入数据"地籍边界"和"建筑属性连接",也可通过单击【输入要素】后的📂找到数据的存放路径进行输入,为【输出要素类】指定输出路径和名称,如图 8-11 所示,单击【确定】。

(3)运算完成后生成的要素类"带地块号的建筑.shp"自动加载到当前地图文档,打开其属性表,可以看到该要素类同时拥有"地籍边界"和"建筑属性连接"的所有属性。

图 8-11　相交工具对话框

四、建筑面积统计

(1)"带地块号的建筑.shp"中每栋建筑都有【地块号】属性,可以根据【地块号】属性分类汇总所有建筑的建筑面积。打开"带地块号的建筑.shp"的属性表,新建两个字段【基底面积】和【建筑面积】,类型为双精度型。右键单击【基底面积】,选择【计算几何】选项,在【属性】中选择"面积",单击【确定】后,系统将计算每个要素的面积。如图 8-12所示。

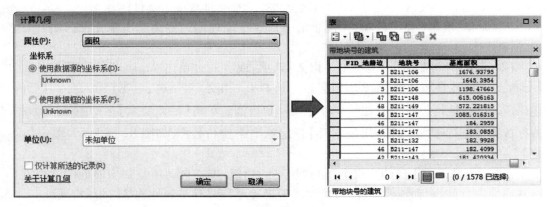

图8-12　计算几何面积

（2）右键单击【建筑面积】，选择【字段计算器】选项，【建筑面积】的数值应为【基底面积】与【建筑层数】的乘积，在"字段计算器"对话框中，输入【建筑面积】=【基底面积】*【Text】，如图8-13所示。通过在【字段】中双击某个字段即进入到下面空白栏中，数学符号也可在"字段计算器"中单击来实现输入。单击【确定】完成字段值的计算。

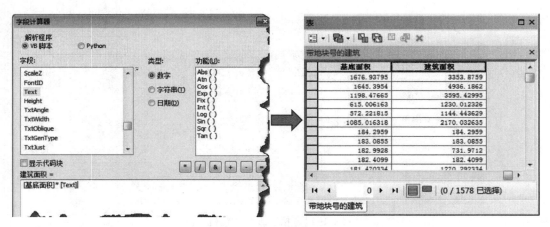

图8-13　字段计算器计算字段值

（3）右键单击【地块号】字段，选择【汇总】选项，打开"汇总"对话框，选择【要汇总的字段】为【地块号】，汇总统计信息为【建筑面积】的【总和】，也即是通过【地块号】字段分类汇总建筑面积，为输出表结果指定保存路径和名称，如图8-14所示，单击【确定】。计算结束后，系统提示是否将输出结果添加到ArcMap中，单击【是】，打开汇总的属性表，其中【SUM_建筑面积】字段是各个地块的建筑面积的总和，如图8-15所示。

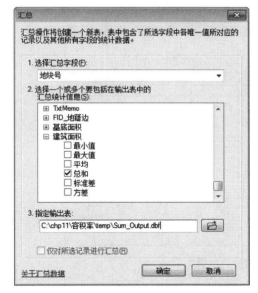

图 8-14 汇总对话框

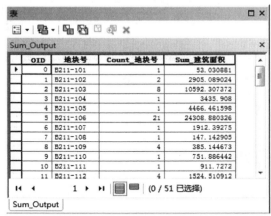

图 8-15 汇总结果

五、容积率计算

（1）将汇总统计的表格"Sum_Output. dbf"与地籍边界连接在一起，打开"地籍边界. shp"的属性表，打开【连接】对话框，在【要将哪些内容连接到该图层】中选择【某一表的属性】，在基于的字段中，分别下拉选择【地块号】，如图 8-16 所示，也即是根据【地块号】字段，将"Sum_Output. dbf"中的数据追加到"地籍边界. shp"属性表中。完成后的结果如图 8-17 所示。

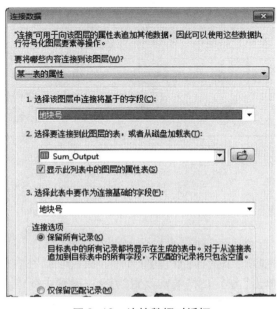

图 8-16 连接数据对话框

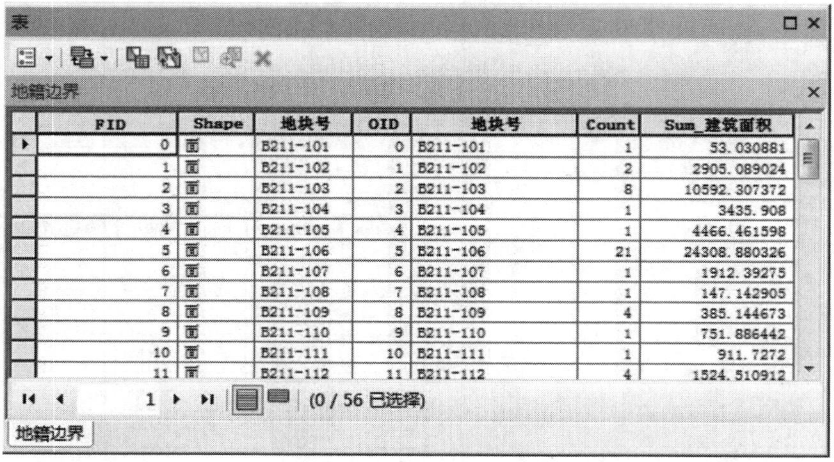
表

地籍边界

FID	Shape	地块号	OID	地块号	Count	Sum_建筑面积
0	面	B211-101	0	B211-101	1	53.030881
1	面	B211-102	1	B211-102	2	2905.089024
2	面	B211-103	2	B211-103	8	10592.307372
3	面	B211-104	3	B211-104	1	3435.908
4	面	B211-105	4	B211-105	1	4466.461598
5	面	B211-106	5	B211-106	21	24308.880326
6	面	B211-107	6	B211-107	1	1912.39275
7	面	B211-108	7	B211-108	1	147.142905
8	面	B211-109	8	B211-109	4	385.144673
9	面	B211-110	9	B211-110	1	751.886442
10	面	B211-111	10	B211-111	1	911.7272
11	面	B211-112	11	B211-112	4	1524.510912

1 (0 / 56 已选择)

地籍边界

图 8-17　连接数据后的结果

(2)打开“地籍边界.shp”的属性表,添加两个字段,【地块面积】和【容积率】,右键单击【地块面积】,通过计算几何的方式计算,这里不再赘述。【容积率】=【Sum_建筑面积】/【地块面积】,通过【字段计算器】来计算,计算结果如图 8-18 所示。

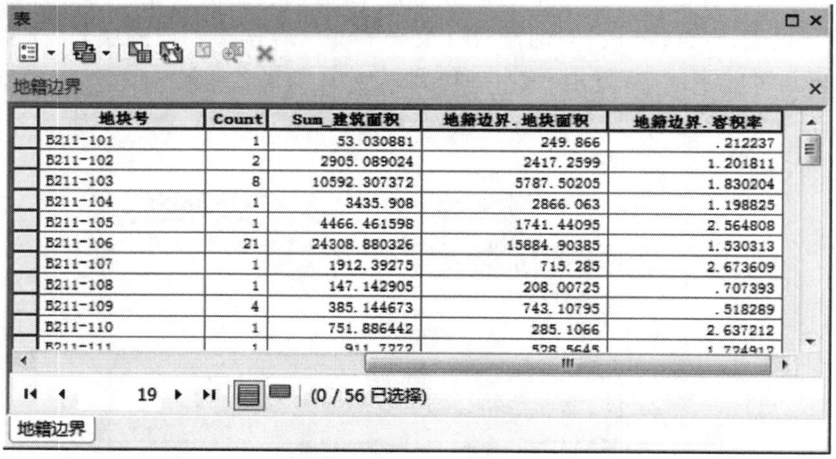
表

地籍边界

地块号	Count	Sum_建筑面积	地籍边界.地块面积	地籍边界.容积率
B211-101	1	53.030881	249.866	.212237
B211-102	2	2905.089024	2417.2599	1.201811
B211-103	8	10592.307372	5787.50205	1.830204
B211-104	1	3435.908	2866.063	1.198825
B211-105	1	4466.461598	1741.44095	2.564808
B211-106	21	24308.880326	15884.90385	1.530313
B211-107	1	1912.39275	715.285	2.673609
B211-108	1	147.142905	208.00725	.707393
B211-109	4	385.144673	743.10795	.518289
B211-110	1	751.886442	285.1066	2.637212
B211-111	1	911.7272	528.5645	1.724912

19 (0 / 56 已选择)

地籍边界

图 8-18　容积率计算结果

六、可视化表达

(1)在内容列表中右键单击“地籍边界”,打开其“图层属性”对话框,切换到【符号系统】标签,在左侧面板【显示】下选择【数量】下的【分级色彩】,在右侧面板中,设置字段为【地界边界.容积率】,单击【分类】,将类别设置为【9】,设置中断值分别为【0.5,1,1.5,2,2.5,3,3.5,4,4.5】,单击【确定】返回,在【色带】中选择一种颜色色带,如图 8-19 所示,单击【确定】,可以看到"地籍边界"图层按照容积率大小进行颜色的渲染,如图 8-20 所示。

图 8-19　　　　　图 8-20

（2）打开"地籍边界"的"图层属性"对话框,切换到【标注】选项卡,勾选【标注此图层中的要素】,选择【以相同方式为所有要素加标注】,在【标注字段】后下拉选择【地籍边界.容积率】,可以在【文本符号】中设置标注的字体、大小等属性,这里按照默认设置,如图 8-21 所示,单击【确定】后结果如图 8-22 所示。

图 8-21　设置标注

图 8-22

第六节　3S 技术应用实例——区域地形地貌分析

一、实验简介

地形地貌要素包括海拔高程、坡度和坡向,是区域环境的自然条件,对区域规划的制定、实施等有至观重要影响。运用 ArcGIS 软件进行地形构建,让规划师直观地在数字环境中感受地形地貌场景,有助于后续估算填挖方工程、竖向规划图制作、景观视域分析等工作开展。本实验内容主要包括 TIN 的创建、DEM 生成、坡度与坡向的提取、三维场景可视化等操作。

二、构建 TIN

（1）启动 ArcMap，添加数据：PDS_DEM_C. tif。

（2）激活"3D Analyst"扩展模块（执行菜单命令［工具］>>［扩展］，在出现的对话框中选中 3D 分析模块），在工具栏空白区域点右键打开［3D 分析］工具栏。

（3）启动 ArcToolbox，双击【3D analyst 工具】—【数据管理】—【TIN 管理】—【创建 TIN】工具，打开"创建 TIN"对话框，如图 8-23 所示。

图 8-23　创建 TIN 对话框

（4）在"输出 TIN"中指定输出路径和名称，在"输入要素类"中通过单击 ，分别将乡镇政府. shp，主要河流. shp，主要道路. shp，高速公路. shp，县级行政区划. shp 五个数据加载过来，指定 TIN 的输出名称及位置：高区域选择高程字段，SF type：乡镇政府. shp 指定为 Mass_Points，主要河流. shp，主要道路. shp，高速公路. shp 指定为 Hard_line，县级行政区划. shp 指定为 Soft_Clip，其他图层参数使用默认值即可，单击确定后结果如图 8-24 所示。

图 8-24

（5）在上一步操作的基础上进行，可在 ArcScene 加载生成的 TIN 数据进行查看，这里不再展示。

三、生成 DEM

（1）加载生成的 TIN，启动 ArcToolbox，双击【3D analyst 工具】—【转换】—【由 TIN 转

出】—【TIN 转栅格】工具,打开"TIN 转栅格"对话框,如图 8-25。

（2）在"输入 TIN"输入 tin,在"输出栅格"指定输出栅格的路径和名称,单击确定后结果如图 8-26 所示。

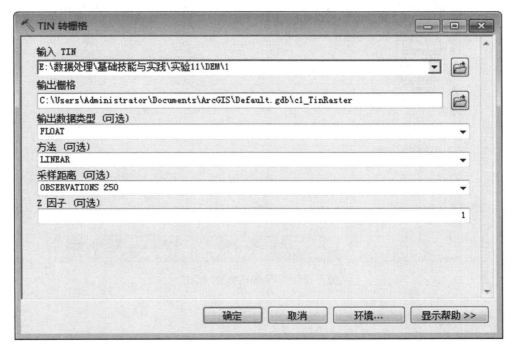

图 8-25　TIN 转栅格对话框

图 8-26　转出的栅格

（3）启动 ArcToolbox，双击【3D analyst 工具】—【转换】—【由 TIN 转出】—【TIN 三角形】工具，如图 8-27 所示，单击确定后结果如图 8-28 所示。

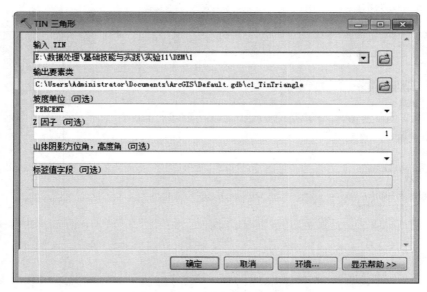

图 8-27　TIN 转三角形对话框

图 8-28　转出的三角形

四、提取坡度与坡向

（1）生成坡度图，启动 ArcMap，加载 dem，双击【Spatial Analyst 工具】—【表面分析】—【坡度】工具，打开"坡度对话框"，如图 8-29 所示，在"输入栅格"中输入 dem，在"输出要素类"中指定输出的名称和路径，其他参数默认，单击确定后如图 8-30 所示。

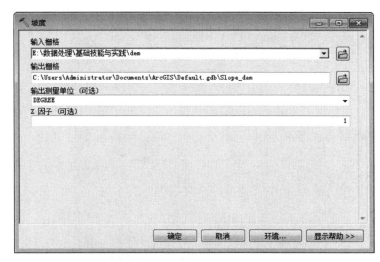

图 8-29　坡度对话框　　　　　　　　　　　　　　　　图 8-30

（2）生成坡向图，启动 ArcMap，加载生成的栅格 dem，双击【栅格表面】—【坡向】工具，打开"坡向"对话框，如图 8-31 所示；在"输入栅格"中输入 dem，在"输出栅格"中指定输出的名称和路径，单击确定后如图 8-32 所示。

图 8-31　坡向工具框　　　　　　　　　　　　　　　　图 8-32

五、制作等高线

启动 ArcMap,加载生成的栅格 dem,双击【栅格表面】—【等值线】工具,打开"等值线"对话框,如图 8-33 所示;在"输入栅格"中输入 dem,在"输出折线要素"中指定输出的名称和路径,等值线间距输入 200,单击确定后如图 8-34 所示。如若等值线间距设置为20 m,效果图如图 8-35 所示。

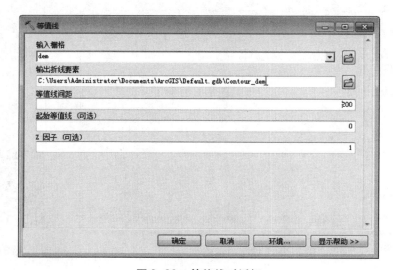

图 8-33　等值线对话框

图 8-34　　　　　　　图 8-35

六、三维可视化

(一)地形三维可视化

(1)在"所有程序"—"ArcGIS"下,单击【ArcScene】,启动 ArcScene,单击"添加数据
✛"图标,将本节第二部分构建的 TIN 数据加载到场景中。

(2)单击"工具栏"上的"导航✛"图标,在视图场景中,按住鼠标左键旋转视图,按住滚轮键移动视图,按住鼠标右键放大和缩小视图。

(3)单击"工具栏"上的"导航⬏"图标,单击鼠标左键,视图放大,再次单击,视图放

大的速度加快,依次单击,视图放大速度逐渐加快;单击鼠标右键,视图缩小,再次单击,视图缩小的速度加快,多次单击,直至停止缩小。单击滚轮键,停止放大或缩小。

(4)在【自定义】菜单下单击【工具条】后的【3D 效果】选项,打开"3D 效果"工具条,单击"图层透明度 ⬚"图标,即可以设置图层的透明度,结果如图 8-36、图 8-37 所示。

图 8-36　　　　　　　　图 8-37

(二)地形与影像图的叠加

(1)在"内容列表"中,右键单击图层 dvtin,单击"移除"选项,将图层 dvtin 移除。单击"添加数据 ✛"图标,加载数据 PDS_TM. img 和 PDS_DEM_C. tif,如图 8-38 所示。

图 8-38

(2)在【内容列表】中右键单击 PDS_TM. img,单击【⬚属性】,打开【图层属性】对话框。在【图层属性】对话框中,选择【基本高度】选项卡,在【从表面获取的高程】区域中选中【浮动在自定义表面上】单选框,在下拉框中选择"PDS_DEM_C",其他参数保持默认。如图 8-39 所示。

(3)单击【确定】按钮完成操作,取消对 dvtin 的所示,结果如图 8-40 所示。

图 8-39　设置基本高度

图 8-40

第七节　3S 技术应用实例——土地适宜性评价

土地适宜性评价是土地合理利用的基础工作,GIS 支持下的土地适宜性评价是用户通过 GIS 系统对相关地理对象(图层)交互地输入、显示、分析以及结果输出的过程,空间分析和推理是问题的核心,辅助决策是最终目的。从最初的数据到用于辅助决策的信息,基于 GIS 的土地适宜性评价包括数据、用户参与以及辅助评价的方法等几个不可缺少的要素。与其他应用领域一样,GIS 通过支持建设者、规划者、决策者等不同人群的参与来达到社会化的目的。

一、实验简介

本实验的研究区域为一个生活小镇,用地适宜性评价要综合考虑经济、自然、社会各个因素,生活区的用地适宜性评价和工业区的适宜性评价不同,其评价标准也不一样,本实验主要对生活区进行评价,选取了交通便捷性、环境适宜性、地形因素、基础设施 4 类评价因子,各类评价指标下还包括不同的指标因子。不同地区的适宜性评价准则不一样(如发达地区和不发达地区,平原和山区等),因此需要一套相对系统的方法确定各因子的权重,本实验采用层次分析法确定各因子的权重,如表 8-1 所示。

表 8-1　用地适宜性评价因子及权重

评价因子	子因子	权重
交通便捷性		0.28
环境适宜性	滨水环境	0.07
	远离工业污染	0.17
基础设施	电力设施	0.15
地形适宜性	高程	0.18
	坡度	0.15

对于各单因子因素的居住用地适宜性评价,统一将评价值分级成 1~5 级,其中 3 级勉强可用于居住用地建设,但需要进行特殊处理,5 级代表最适宜建设,1 级代表完全不适宜建设。

步骤:

(1)首先,对各个因子做适宜性评价,统一分级成 1~5 级,并转换成栅格数据,栅格数据进行叠置分析更容易。

(2)然后,进行栅格加权叠加运算,每个栅格代表的地块将得到一个综合评价值。

(3)最后,对综合后的栅格数据重新分类定级,得到居住用地适宜性综合评价图。

打开随书数据文档"土地适宜性评价. mxd",如图 8-41 所示。

图 8-41

二、单因子适宜性评价分级

(一)交通便捷性评价

交通便捷性将根据距离主要道路的远近加以确定,如表 8-2 所示。

表 8-2　交通便捷性的评价标准

评价因子	分类	分级
交通便捷性	距离主要道路 0 ~ 200 m	5
	距离主要道路 200 ~ 500 m	4
	距离主要道路 500 ~ 1000 m	3
	距离主要道路 1000 ~ 1500m	2
	距离主要道路 1500 m 以上	1

　(1)启动 ArcMap,打开随书数据的地图文档"适宜性评价. mxd",该地图中包含有"道路"的图层。打开工具箱,双击【分析工具】—【邻域分析】工具箱后面的【多环缓冲区】工具,在【输入要素】中填入数据"公路",为【输出要素类】指定保存路径和名称,在距离中分别输入 200,500,1000,1500,3000(3000 m 缓冲距离将远超出研究区域),如图 8-42 所示。

图 8-42　多环缓冲区对话框

（2）单击【确定】，完成后结果如图 8-43 所示，缓冲区由 5 个环构成，分别代表距离主要道路 0～200,200～500,500～1000,1000～1500,1500～3000 m。打开其属性表，可以看到 5 个环形多边形要素，如图 8-44 所示。

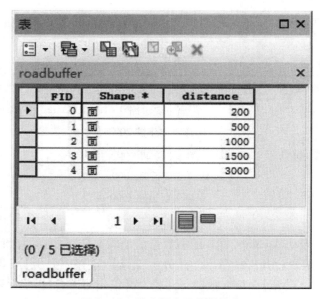

图 8-43　　　　　　　　　　图 8-44　道路缓冲区的属性表

（3）将矢量数据转换为栅格数据，双击【转换工具】—【转为栅格】下的【面转栅格】工具，打开"面转栅格"对话框，在【输入要素】中填入数据"roadbuffer"，在【值字段】中选择字段"distance"，为【输出栅格数据集】指定保存路径和名称，在【像元大小】中输入86.7834341，使输出的像元大小与高程和坡度数据的像元大小一致，以便于最后综合结果的叠加，如图 8-45 所示。

（4）重分类数据。将转换成的栅格数据按照分级指标进行重分类，双击【spatial analyst 工具】—【重分类】工具箱下的【重分类】工具，打开"重分类"对话框，在【输入栅格】中输入转换的栅格数据"roadbuffrec"，在【重分类字段】中选择"value"，在【重分类】中分别按照 200-5,500-4,1000-3,1500-2,3000-1 输入，为【输出栅格】指定保存路径和名称，如图 8-46 所示。

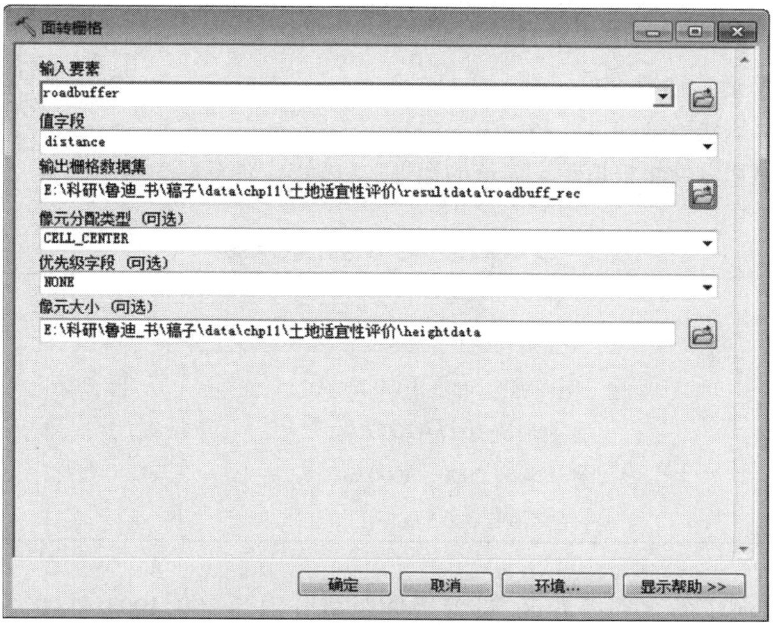

图 8-45　面转栅格对话框

图 8-46　重分类对话框

（5）单击确定后，数据加载到 ArcMap 中，如图 8-47 所示，依然是 5 个缓冲区环，每个缓冲区环的属性值发生了变化。

图 8-47

（二）环境适宜性评价

1. 滨水环境适宜性评价

滨水环境适宜性将根据距离河流的远近加以确定，如表 8-3 所示。

表 8-3　交通便捷性的评价标准

评价因子	分类	分级
滨水环境	距离河流 0～500 m	5
	距离河流 500～1000 m	4
	距离河流 1000～2000 m	3
	距离河流 2000～3000 m	2
	距离河流 3000 m 以上	1

（1）计算河流的多环缓冲区，设置缓冲距离分别为 500,1000,2000,3000,5000 m（5000 m 范围远超出研究区域，可以保证研究区域全部落入缓冲区内，代表了 3000 m 以上的距离），具体的操作与计算道路的缓冲区的步骤一样，这里不再赘述。生成的结果如图 8-48 所示。

（2）将河流的 5 级缓冲区转换成栅格数据，栅格单元大小为（86.7834341 ＊ 86.7834341），并对转换后的栅格数据按照分级标准重分类，最终结果如图 8-49 所示。

图 8-48　　　　图 8-49

2. 计算工厂的缓冲区

工厂周围环境适宜性将根据距离工业污染源的远近加以确定，如表 8-4 所示。

表8-4　污染源环境的评价标准

评价因子	分类	分级
滨水环境	距离工厂3000 m以上	5
	距离工厂2000~3000 m	4
	距离工厂1 000~2 000 m	3
	距离工厂500~1000 m	2
	距离工厂0~500 m	1

（1）计算工厂的多环缓冲区，设置缓冲距离分别为500,1000,2000,3000,5000 m（5000 m范围远超出研究区域，可以保证研究区域全部落入缓冲区内，代表了2000 m以上的距离），具体的操作与计算道路、河流的缓冲区的步骤一样，这里不再赘述。生成的结果如图8-50所示。

（2）将工业污染源的5级缓冲区转换成栅格数据，栅格单元大小为（86.7834341 * 86.7834341），并对转换后的栅格数据按照分级标准重分类，如表8-3所示，分类的时候距离越远，分级结果越大。最终结果如图8-51所示。

图8-50　　　　　　　图8-51

（三）基础设施因素评价

基础设施适宜性是按照距离电力设施的远近进行评价，参考标准如表8-5所示。

表8-5　基础设施适宜性的评价标准

评价因子	分类	分级
基础设施	距离电力设施0~500 m	5
	距离电力设施5~1000 m	4
	距离电力设施1000~2000 m	3
	距离电力设施2000~3000 m	2
	距离电力设施3000 m以上	1

（1）计算电力设施的多环缓冲区，设置缓冲距离分别为500,1000,2000,3000,5000 m，具体的操作与计算道路、河流、工业污染源的缓冲区的步骤一样，这里不再赘述。生成的结果如图8-52所示。

（2）将电力设施的 5 级缓冲区转换成栅格数据,栅格单元大小为(86.7834341 * 86.7834341),并对转换后的栅格数据按照分级标准重分类,最终结果如图 8-53 所示。

图 8-52

图 8-53

(四)地形适宜性评价

1.高程适宜性评价

考虑到城市基础设施建设的难度,高程较高地区不适宜建设区域,这里按照其他学者的研究成果,确定高程适宜性的参考标准,如表 8-6 所示。

表 8-6　高程适宜性的评价标准

评价因子	分类	分级
高程	高程 99~220 m	5
	高程 220~250 m	4
	高程 250~300 m	3
	高程 300~350 m	2
	高程在 350 m 以上	1

（1）高程数据"heightdata"是栅格数据,可以直接进行重分类进行分级,双击【spatial analyst 工具】—【重分类】工具箱下的【重分类】工具,打开"重分类"对话框,如图 8-54 所示,在【输入栅格】中输入转换的栅格数据"heightdata",在【重分类字段】中选择"value",单击【分类】,打开"分类"对话框,在【类别】中输入 5,在【中断值】中分别输入 220,250,300,350,691。如图 8-55 所示,单击【确定】。

图 8-54　重分类对话框(二)

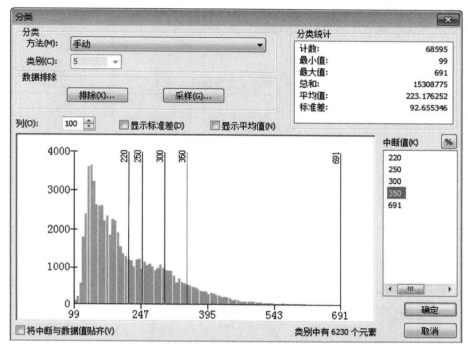

图 8-55　分类对话框

（2）在"重分类"对话框中,按照分级标准重分类新值,为【输出栅格】指定保存路径和名称,如图 8-56 所示。单击【确定】后,计算重分类结果,如图 8-57 所示。

图 8-56　重分类对话框（三）

图 8-57

2.坡度适宜性评价

本实验坡度数据为栅格数据,反映的是地形的坡度,大小范围从 0～31.5;坡度适宜性参考标准如表8-7 所示。

表8-7　坡度适宜性的评价标准

评价因子	分类	分级
坡度	坡度 0～5 度	5
	坡度 5～10 度	4
	坡度 10～15 度	3
	坡度 15～25 度	2
	坡度大于 25 度	1

和高程数据类似,坡度数据也可以直接进行重分类,这里不再赘述,重分类对话框如图 8-58 所示,最终分类的结果如图 8-59 所示。

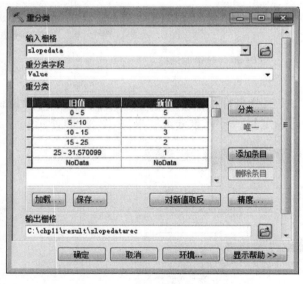

图 8-58　重分类对话框(四)

图 8-59

三、综合评价

综合评价即对前述各个单因子评价结果进行叠加运算,得到综合评价图。

(1)双击【Spatial Analyst 工具】—【叠加分析】下的【加权总和】工具,即打开"加权总和"工具,在【输入栅格】中输入前述各单因子的重分类结果,在【权重】中输入各因子的指标权重,如图 8-60 所示,单击【环境】,打开"环境设置"对话框,单击【处理范围】,在【范围】下拉选择"与图层 研究范围 相同",如图 8-61,两次单击确定后生成的结果如图 8-62 所示。

图8-60　加权总和对话框

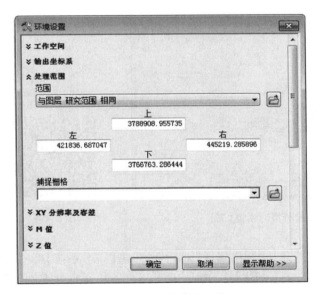

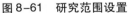

图8-61　研究范围设置

图8-62

（2）根据前述对各单因子评价值含义的确定,3分是可以接受的适宜用作居住用地的最低值,5分代表最适宜建设,1分代表不适宜建设。根据加权总和结果,最终的取值范围为:1.8～5。这里将结果分成5类,如表8-8所示。

表 8-8　适宜性等级划分标准

类别等级	评价分值	适宜性类别
Ⅰ	4.5 ~ 5	最适宜建设用地
Ⅱ	4 ~ 4.5	适宜建设用地
Ⅲ	3.5 ~ 4	比较适宜建设用地
Ⅳ	3 ~ 3.5	有条件限制建设用地
Ⅴ	1.8 ~ 3	不适宜建设用地

（3）双击【spatial analyst 工具】—【重分类】工具箱下的【重分类】工具,打开"重分类"对话框,按照表 8-8 进行重分类,如图 8-63 所示。单击确定后最终的重分类结果如图 8-64 所示。

图 8-63　重分类对话框（五）　　　　　　　　图 8-64

（4）双击"endresult"数据,打开其"图层属性"对话框,单击【符号系统】标签,在【配色方案】选择一种渐变的颜色色系,在【标注】中分别按照表 8-8 的"适宜性类别"输入到相应的栏目中,如图 8-65 所示,单击【确定】后最终的结果如图 8-66 所示。

图 8-65　　　　　　　　　图 8-66

（5）打开数据"endresult"的属性表，添加字段【area】，字段类型为"双精度型"，右键单击【area】，选择【字段计算器】，打开"字段计算器"对话框，AREA = count ＊ 86.7834341 ＊ 86.7834341，也即是每个类型的面积等于栅格的数量与每个栅格单元面积的乘积，如图 8-67 所示，计算的结果如图 8-68 所示。

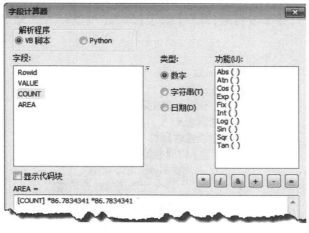

图 8-67　栅格计算器

Rowid	VALUE	COUNT	AREA
0	1	6763	50934617.66842
1	2	23434	176489994.150786
2	3	21755	163844833.265783
3	4	11049	83214045.633355
4	5	5590	42100327.187117

图 8-68　面积计算结果

四、Model builder 建立评价模型

空间建模是按照一定的业务流程，在 Model Builder 环境中对 ArcGIS 中的空间分析工具进行有序的组合，构建一个完整的应用分析模型，从而完成对空间数据的处理与分析，得到满足业务需求的最终结果的过程。Model Builder(模型构建器)是一个用来创建、编辑和管理空间分析模型的应用程序，是一种可视化的编程环境，通过对现有工具的组合完成新模型或软件的制作，为设计和实现空间处理模型(包括工具、脚本和数据)提供了一

个图形化的建模框架。当空间处理涉及许多操作步骤时,建立模型可以明晰空间处理的步骤,简化操作,便于重复使用。

1. 新建和编辑模型

(1)启动 ArcMap,打开文档"土地适宜性评价.mxd"(数据位于……),在"目录"面板中浏览到"构建模型"文件夹(位于……),单击右键选择【新建】后【工具箱】选项,并为其命名"mytoolbox.tbx",并单击右键,选择【新建】后的【模型】,为其命名"土地适宜性评价模型",如图 8-69 所示。

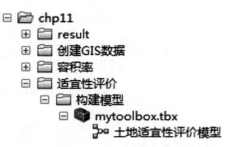

图 8-69　新建好的模型

(2)右键单击"土地适宜性评价模型",选择【编辑】即可打开模型对话框,如图 8-70 所示。

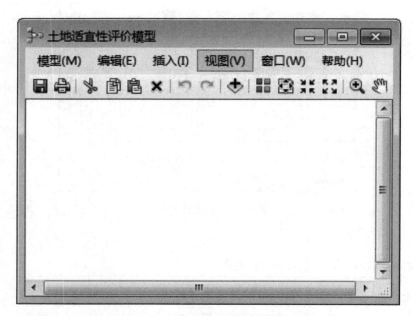

图 8-70　模型构建可视化对话框

2. 构建模型

(1)在 ArcToolbox 中定位到【分析工具】—【邻域分析】后的【多环缓冲区】工具,将其

拖放到模型构建器对话框中,右键单击【多环缓冲区】选择【打开】选项,即打开"多环缓冲区"对话框,按照前述计算"道路"缓冲区的方式填入参数,如图8-71所示,单击【确定】后如图8-72所示。

图8-71 多环缓冲区对话框

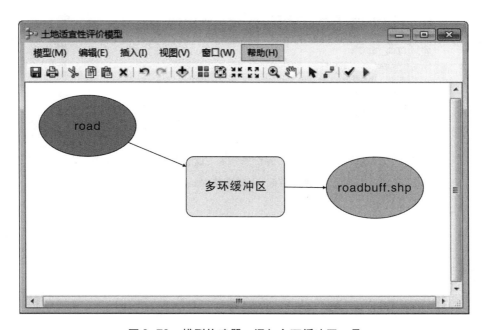

图8-72 模型构建器—添加多环缓冲区工具

(2)将【转换工具】—【转为栅格】后的【面转栅格】工具拖到模型构建器中,单击【模型构建器】工具栏中的【连接】按钮 🖰，在"roadbuff. shp"上单击左键不松一直拖到【面转栅格】工具上，选择【输入要素】，如图 8-73 所示，右键单击【面转栅格】工具选择【打开】选项，按照前述步骤设置各个参数，如图 8-74 所示，单击【确定】后的结果如图 8-75所示。

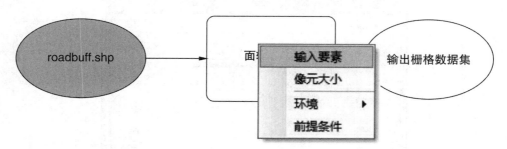

图 8-73　连接按钮

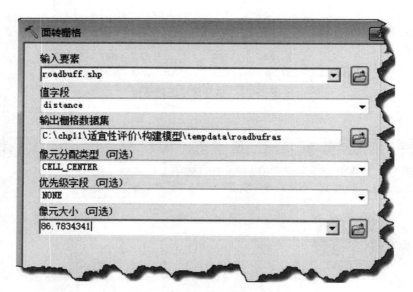

图 8-74　面转栅格对话框

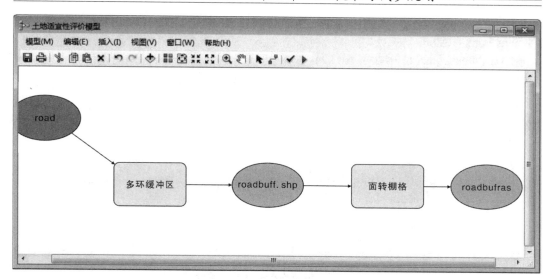

图 8-75　模型构建器—添加面转栅格工具

（3）将【Spatial Analyst 工具】—【重分类】后的【重分类】工具拖进模型构建器中,单击工具栏中的【连接】按钮 ,在"roadbufras"上单击左键不松一直拖到【重分类】工具上,选择【输入栅格】,右键单击【重分类】选择【打开】可以填入具体的参数,主要通过【添加条目】的方式填入【旧值】和【新值】,由于模型还未运行,因此栅格数据"roadbufras"并没有产生,这里的【旧值】需要用手动的方式进行输入,具体设置如图 8-76 所示,单击【确定】后结果如图 8-77 所示。

图 8-76　重分类对话框(六)

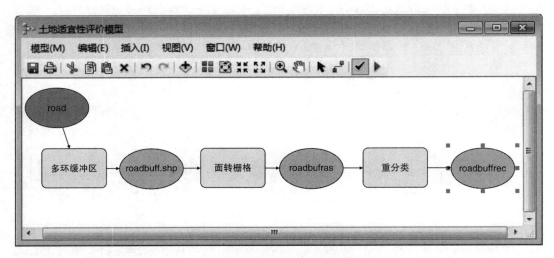

图 8-77　模型构建器—添加重分类

（4）按照上述过程分别完成对数据"river. shp""工业污染源. shp""电力设施. shp"的计算，在对"工业污染源. shp"的栅格缓冲区重分类时应注意距离越远，分级值越大。添加工具后的结果如图 8-78 所示。

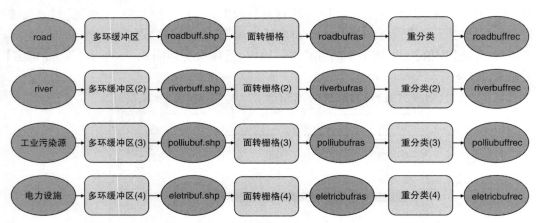

图 8-78　模型构建器—添加其他因子的处理结果

（5）将【Spatial Analyst 工具】—【重分类】后的【重分类】工具拖进模型构建器中，右键单击【打开】后可以设置具体参数，如图 8-79 所示，单击【确定】即可。

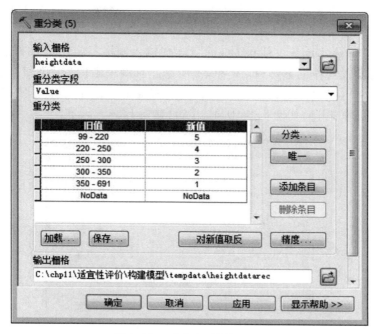

图 8-79　重分类对话框(七)

(6)同理完成对数据"slopedata"的计算,完成后的各因子模型处理过程如图 8-80 所示。

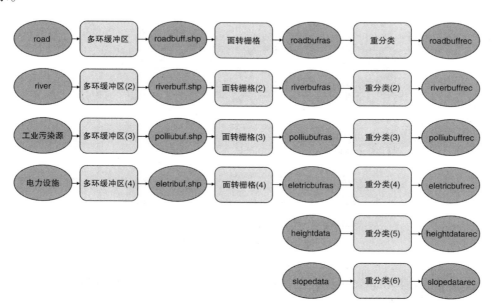

图 8-80　各因子的处理流程

（7）将【Spatial Analyst 工具】—【叠加分析】后的【加权总和】工具拖进模型构建器中，单击工具栏中的【连接】按钮 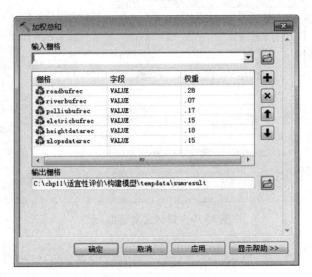，分别将数据"roadbufrec""riverbufrec""polliubufrec""eletricbufrec""heightdatarec""slopedatarec"作为"输入栅格"连接到【加权总和】工具，右键单击【打开】设置具体的参数，如图 8-81 所示。右键单击【加权总和】，选择【获取变量】—【从环境】—【处理范围】后的【范围】选项，右键单击打开"范围"对话框，设置范围与"图层 研究范围"相同，如图 8-82 所示，单击【确定】。

图 8-81　加权总和对话框（二）

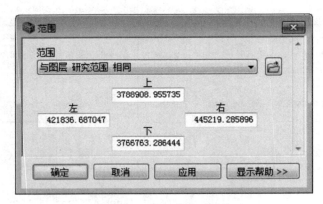

图 8-82　设置范围对话框

（8）将【Spatial Analyst 工具】—【重分类】后的【重分类】工具拖进模型构建器中，单击工具栏中的【连接】按钮 ，将"sumresult"数据作为"输入栅格"连接到【重分类】工具，右键单击【打开】打开重分类对话框，设置参数如图 8-83 所示。单击【确定】后整个模型如图 8-84 所示。

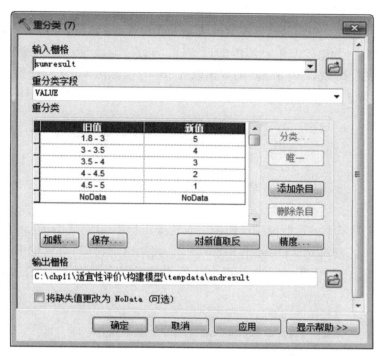

图8-83 对加权总和结果重分类

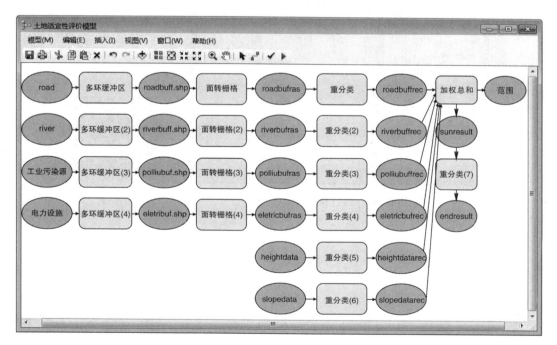

图8-84 总模型

3. 验证和运行模型

（1）单击工具条上的验证整个模型按钮 ✔，或者单击【模型】菜单下的【验证整个模型】即可验证模型，如果模型中有不能满足条件的元素，则该元素会变成白色，如将计算 "road"缓冲区的【多环缓冲区】工具的数据改为 "road1"，然后单击【验证整个模型】后，错误的元素会出现白色，如图 8-85 所示。打开出现错误的元素，修改正确即可。

图 8-85　验证模型后结果

（2）单击工具条上的运行模型按钮 ✔，或者单击【模型】菜单下的【运行模型】选项，同时会显示出运行状态对话框，如图 8-86 所示，如果出现错误，对话框中会给出红色提示，并暂停计算，修改模型至正确后再次运行直至完毕。加载最后的结果如图 8-87 所示。

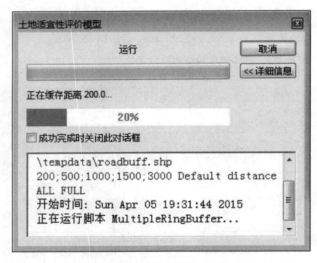

图 8-86　运行状态对话框

图 8-87

参考文献

[1]李渊. 城乡规划 CAD 应用指南[M]. 厦门:厦门大学出版社,2019.

[2]李丹阳. 浅析 Sketchup 与 Lumion 软件的特点与应用[J]. 大众文艺,2018(05):87.

[3]赵延凯,刘永欣. 浅析 Sketchup 在建筑设计过程中的应用[J]. 居舍,2021(07):86-87.

[4]范凌云,杨新海. 城乡社会综合调查[M]. 北京:中国建筑工业出版社,2017.

[5]曾穗平,彭震伟,田健,等. "时空融合+知行耦合"的城乡规划社会调研学理论研究[J]. 规划师,2019(2):86-90.

[6]裴菊,常悦. 建筑学导论[M]. 北京:北京大学出版社,2014.

[7]田学哲,郭逊. 建筑初步[M]. 北京:中国建筑工业出版社,2019.

[8]荆其敏,张丽安. 建筑学与学建筑[M]. 南京:东南大学出版社,2014.

[9]潘谷西. 中国建筑史[M]. 北京:中国建筑工业出版社,2015.

[10]陈志华. 外国建筑史[M]. 北京:中国建筑工业出版社,2010.

[11]薛林平. 建筑遗产保护概论[M]. 北京:中国建筑工业出版社,2017.

[12]黎志涛. 建筑设计教与学[M]. 北京:中国建筑工业出版社,2014.

[13]赵春容. 城乡规划基础教育改革思考与实践[J]. 教育教学论坛,2020(37):140-141.

[14]全国城市规划执业制度管理委员会. 城市规划原理[M]. 北京:中国计划出版社,2002.

[15]李德华. 城市规划原理[M]. 北京:中国建筑工业出版社,2001.

[16]文国玮. 城市交通与道路系统规划[M]. 新版. 北京:清华大学出版社,2007.

[17]邹德慈. 城市规划导论[M]. 北京:中国建筑工业出版社,2002.

[18]崔功豪,王兴平. 当代区域规划导论[M]. 南京:东南大学出版社,2005.

[19]李铮生. 城市园林绿地规划与设计[M]. 北京:中国建筑工业出版社,2006.

[20]全国人大常委会法制工作委员会经济法室,国务院法制办农业资源环保法制司,住房和城乡建设部城乡规划司、政策法规司. 中华人民共和国城乡规划法解说[M]. 北京:知识产权出版社,2008.

[21]广东省城乡规划设计研究院,中国城市规划设计研究院. 城市规划资料集第二分册城镇体系规划与城市总体规划[M]. 北京:中国建筑工业出版社,2004.

[22]周春山. 城市空间结构与形态[M]. 北京:科学出版社,2007.

[23]刘贵利,詹雪红,严奉天. 中小城市总体规划解析[M]. 南京:东南大学出版社,2005.

[24]熊国平. 当代中国城市形态演变[M]. 北京:中国建筑工业出版社,2006.

[25]陈双,贺文. 城市规划概论[M]. 北京:科学出版社,2006.

[26]程道平. 现代城市规划[M]. 北京:科学出版社,2010.

[27]谭纵波. 城市规划[M]. 北京:清华大学出版社,2005.

[28] 陆玉麟,林康,张莉. 市域空间发展类型区划分的方法探讨:以江苏省仪征市为例[J]. 地理学报,2007,62(4):351-353.

[29] 陈友华,赵民. 城市规划概论[M]. 上海:上海科学技术文献出版社,2000.

[30] 蔡震. 我国控制性详细规划的发展趋势与方向[D]. 清华大学硕士论文,2004.

[31] 江苏省城市规划设计研究院城市规划资料集第四分册控制性详细规划[M]. 北京:中国建筑工业出版社,2002.

[32] 全国城市规划执业制度管理委员会. 全国注册城市规划师执业考试指定用书:城市规划原理. 北京:中国建筑工业大学出版社,2020.

[33] 杨昕,汤国安,刘学军,等. 数字地形分析的理论、方法与应用[J]. 地理学报,2009(09):1058-1070.

[34] 牛强. 城市规划 GIS 技术应用指南[M]. 北京:中国建筑工业出版社,2012.

[35] 李德仁. 论 RS、GPS 与 GIS 集成的定义、理论与关键技术[J]. 遥感学报,1997,1(1):4-6.

[36] 高志宏,梁勇,林祥国. 基于 3S 技术的现代城市规划应用研究[J]. 测绘科学,2007,32(6):193-196.

[37] 梁勇,袁铭. 数字城市建设与管理[M]. 北京:中国农业大学出版社,2005.

[38] 江锦康. "数字城市"的理论与实践[D]. 华东师范大学,2006.

[39] 赵赏,孙彩歌. 数字城市研究综述[J]. 地理空间信息,2011,9(6):60-64.

[40] 吴威龙. 基于 3S 技术的数字城市规划[J]. 安徽农业科学,2007,35(25):8035-8037.

[41] 徐虹,杨力行,方志祥. 试论数字城市规划的支撑技术体系[J]. 武汉大学学报:工学版,2002,35(5):43-46.

[42] 罗名海. 3S 技术的发展趋势与城市规划中的应用前景[J]. 地理空间信息,2004,2(4):4-7.

[43] 张前勇,马友平,常胜. 3S 技术导论[M]. 武汉:中国地质大学出版社,2006.

[44] 秦萧,甄峰,熊丽芳,等. 大数据时代城市时空间行为研究方法[J]. 地理科学进展,2013(9):1352-1361.

[45] 李芬,朱志祥,刘盛辉. 大数据发展现状及面临的问题[J]. 西安邮电大学学报,2013(5):100-103.

[46] 甄茂成,党安荣,许剑. 大数据在城市规划中的应用研究综述[J]. 地理信息世界,2019,26(1):6-12.

[47] 姚凯,钮心毅. 手机信令数据分析在城镇体系规划中的应用实践:南昌大都市区的案例[J]. 上海城市规划,2016(4):91-97.

[48] 吴志强,叶锺楠. 基于百度地图热力图的城市空间结构研究:以上海中心城区为例[J]. 城市规划,2016(4):33-40.

[49] 谢彦敏,钱志诚,陈宇. 基于地铁刷卡数据的深圳市过度通勤研究[C]//持续发展理性规划:2017 中国城市规划年会论文集. 北京:中国城市规划学会,2017:898-921.

[50] 龙瀛,张宇,崔承印. 利用公交刷卡数据分析北京职住关系和通勤出行[J]. 地理学报,2012(10):1339-1352.